最新黄鳝 泥鳅 养殖实用大全

第二版

高志慧 编著

中国农业出版社

图书在版编目（CIP）数据

最新黄鳝泥鳅养殖实用大全 / 高志慧编著 . —2 版
—北京：中国农业出版社，2013.8（2015.6 重印）
ISBN 978 - 7 - 109 - 18071 - 0

Ⅰ.①最⋯　Ⅱ.①高⋯　Ⅲ.①黄鳝属－淡水养殖②鳅
科－淡水养殖　Ⅳ.①S966.4

中国版本图书馆 CIP 数据核字（2013）第 146195 号

中国农业出版社出版
（北京市朝阳区农展馆北路 2 号）
（邮政编码 100125）
责任编辑　林珠英　黄向阳

中国农业出版社印刷厂印刷　　新华书店北京发行所发行
2013 年 8 月第 2 版　　2015 年 6 月第 2 版北京第 3 次印刷

开本：850mm×1168mm　1/32　印张：8.25
字数：220 千字
定价：18.00 元
（凡本版图书出现印刷、装订错误，请向出版社发行部调换）

前　言

　　随着我国水产养殖生产结构的不断调整，以优质高产高效为目标，以市场需求为导向，积极发展名特优水产动物养殖的热潮已经兴起。近几年来，群众性的人工养殖黄鳝或泥鳅已成规模。从稻田的粗养到池塘及网箱的精养，从庭院的暂养到有一定规模的全人工养殖，使人工饲养技术、繁育苗种技术、饲料配给和病虫害的防治技术均有很大的突破，极大地促进了我国黄鳝和泥鳅养殖业的发展。目前在长江两岸的淡水水域，这一项目已有形成新的产业之势。农业部根据国际国内的发展情况，及时制定了无公害食品的系列质量标准和技术操作规范，使黄鳝和泥鳅的养殖质量标准及操作技术，有规可循，有法可依，促使黄鳝和泥鳅的养殖业沿着健康、规范的道路朝着集约化、产业化发展。

　　本书收集汇编的是近几年来我国科技人员在有关黄鳝泥鳅科研应用方面所取得的新成果，以及多年从事黄鳝和泥鳅养殖的实际生产经验，并结合国家颁布的无公害食品质量标准和技术操作规范的内容。本书着重讲述了最新养殖技术和实际操作技术，同时也介绍了必要的有关基础理论知识，可满足广大农民及生产者的需要，也可供从事水产科研和教学的工作者参考。

由于当前对黄鳝和泥鳅的研究工作仍在不断加强和深入，养殖技术也在不断提高和改进，加上编写者的水平有限，书中难免有错漏与不足之处，诚望广大读者提出宝贵意见。

本书在编写中，得到陈立侨先生等的大力支持和帮助。另外，在书稿中采用了有关同行撰写的文献，在此一并表示衷心的感谢。

编著者

目 录

第一章

黄鳝养殖技术

一、概　　述

黄鳝俗称鳝鱼，又名蝉鱼、罗鳝、无鳞公子、长鱼等。黄鳝肉质细嫩，味道鲜美，营养丰富，且有很高的药用价值，药食同源，滋补健身，是一种深受人们喜爱的美味佳肴和保健食品。我国目前黄鳝天然产量比较大，人工产量也占一定的比例，是重要的淡水经济鱼类之一，也是名、特、优水产品中的一个主要种类。

（一）黄鳝养殖的历史、现状和前景

黄鳝的自然资源在我国非常丰富。无论对外出口或国内上市，大都为天然捕捉的黄鳝，即使现有的人工养殖鳝，也大都是用野生鳝种人工驯养而来。随着国内外市场对黄鳝的需求量大幅度上升，野生资源日见匮乏，且天然捕捉的黄鳝越来越少，个体越来越小，因此在 20 世纪 80 年代初，湖南、湖北、四川、山东、安徽等地区，出现不少养鳝专业户，养殖规模虽不大，但星罗棋布，总体产量高，仅湖南省，1981 年就收购黄鳝 732 吨，出口 423 吨。但这些专业户后来大都偃旗息鼓，或改养其他鱼类。究其原因，主要是黄鳝的苗种批量生产、配套饵料和病害防治等技术问题亟待解决。因此，开展黄鳝的生物学技术研究显得越来越迫切。从 20 世纪 80 年代中期开始，由于生产的推动，到 90 年代直到进入 21 世纪的今天，许多科研生产单位、大专院校

对黄鳝生物学特性和人工养殖技术，进行攻关研究，也有不少研究成果报道，特别是近几年，科学研究者不断努力，在黄鳝的人工饲养技术、苗种繁殖批量生产、配合饵料的生产及病害防治技术等方面，均有突破性的进展，为黄鳝人工养殖开辟了新前景。在长江流域和珠江流域盛产黄鳝的地区，生产者利用各种形式饲养或暂养黄鳝，如稻田、网箱、水泥池、池塘及农村的坑凼、庭院等，虽然较大规模养殖的目前不很多，但这些不拘形式饲养的小水体，却星罗棋布般在农村及城郊发展，其面积和产量相当可观。湖北省 2002 年不完全统计，网箱养鳝在农村已发展到 60 万口箱之多，面积近 100 万米^2，产量在 4 万吨左右。

目前，在全国上下，黄鳝的养殖业随着市场消费的需求和水产品结构的调整，已开始向集约化、规模化、商品化的方向发展。无疑，进一步研究黄鳝的养殖技术，发展黄鳝养殖，对保护自然资源或保证名特水产品的发展，乃至促进社会经济繁荣，都具有重要的意义和美好的前景。

（二）黄鳝的经济价值

1. 食用保健　黄鳝味道鲜美，营养特别，经分析测定是一种高蛋白、低脂肪、低胆固醇类营养食品，含有丰富的人体所需的钙、磷、铁等微量元素和硫胺素（维生素 B_1）、核黄素（维生素 B_2）、尼克酸（维生素 PP）、抗坏血酸（维生素 C）等营养成分，有极高的食用价值。

在表 1-1 几种水产品中，黄鳝蛋白质含量居第一位，其蛋白质含量高，氨基酸含量较多，可补充人体内氨基酸组成的不足。

表 1-1　黄鳝与数种水产品营养成分比较（食用部分 100g 含量）

成分	水分（克）	蛋白质（克）	脂肪（克）	灰分（克）	钙（毫克）	磷（毫克）	铁（毫克）	热量（千焦）
黄鳝	未检	18.8	0.9	未检	38	150	1.6	347.5
河蟹	71.0	14.0	5.9	1.8	129.0	145.0	13.0	582.0

（续）

成分	水分（克）	蛋白质（克）	脂肪（克）	灰分（克）	钙（毫克）	磷（毫克）	铁（毫克）	热量（千焦）
甲鱼	79.3	17.3	4.0	0.7	15.0	94.0	2.5	439.0
河虾	80.5	17.5	0.6	0.7	221.0	23.0	0.1	318.0
鳜	77.1	18.5	3.5	1.1	79.0	143.0	0.7	435.2
鲫	85.0	13.0	1.1	0.8	54.0	203.0	2.5	259.0
鲤	79.0	18.1	1.6	1.1	23.0	176.0	1.3	368.0
带鱼	73.0	15.9	3.4	1.1	48.0	204.0	2.3	418.0

据美国、日本有关研究机构和我国上海水产大学的有关研究报道，黄鳝肌肉血液内含有丰富的DHA（廿二碳六烯酸）、EPA（廿碳五烯酸）及卵磷脂。这3种物质具有健脑防衰、抑癌、抗癌、抑制心血管病和消炎的特殊功效，多食常食有利于身体健康。长久以来，我国民间就有"小暑黄鳝赛人参"的谚语。日本也有夏季三伏天丑日吃烤鳝鱼片的风俗。日本学者铃木平光于1991年研究报道，黄鳝富含维生素A，每100克烤鳝鱼片中含有5 000国际单位，而相同数量的牛肉仅含40国际单位，同量猪肉仅含17国际单位。由于维生素A可增进视力，因此，不少日本人称黄鳝为"眼药"。

2. 药用价值 黄鳝的药用价值较高，明《本草纲目》载："黄鳝性味甘温，无毒。入肝、脾、肾三经，能补虚损、强筋骨、祛风湿，能治疗痨伤、风湿痹痛、下痢脓血、乳核等症。"黄鳝之肉、头、皮、骨、血均可入药。我国民间常用于医治虚劳咳嗽、湿热身痒、肠风痔漏、口眼歪斜、颜面神经麻痹、慢性化脓性中耳炎、鼻衄、痢疾、消化不良、妇女乳肿硬痛等症。近年还有研究报告指出，黄鳝可有效地治疗糖尿病。

3. 研究价值 由于黄鳝具有雌雄同体，先做母再当父的性逆转现象，吸引不少国内外学者，对其进行研究探讨。近半个世纪，人们已对黄鳝的形态学、生理学以及生态学的研究有所进展，特别是近几年在黄鳝的性逆转现象及相关物质的关系、全人工繁殖技术的繁殖生物学；养殖技术、饵料和病害的养殖生物学等方面有很大研究进展。为全国养鳝起到很大促进作用。当然，黄鳝性逆转的机理及内分泌物的改变，还有在繁殖季节亲鳝为孵化卵而吐出泡沫的特殊生理功能，以及黄鳝消化道内各种酶的特性、含量等尚还是谜，仍然使不少学者如痴如醉地研究。在科学领域里，黄鳝具有重要的基础理论研究价值，相信在不久的将来，随着科学技术的发展，人们对黄鳝的不断研究，终究能探讨出黄鳝性逆转的遗传基因及其发育机制；并揭示出其神秘的"阴阳之变"。

4. 市场情况　黄鳝可食部分约占体重的 65%，其肉、血及皮除直接烹食外，亦可加工成各种滋补食品。其余 35%，即黄鳝的头、尾、骨等可加工成动物性蛋白饲料。

（1）**换取外汇**　20 世纪 80 年代，我国每年出口活鲜黄鳝800 吨左右，创外汇近 13 万美元，加上出口烤鳝鱼片，创外汇近 100 万美元。90 年代上升到 1 000 多吨，最高达 2 000 多吨。近几年日本、韩国每年需进口 20 万吨，港澳地区的需求量也呈增长趋势。常常是供不应求，货源不足。

（2）**国内市场**　黄鳝的市场价位已由 80 年代的 20～50 元/千克，涨到 30～100 元/千克，最高达 140 元/千克（苏州、上海等地区）。2003 年元月的市场价：北京 60～80 元/千克；上海80～100 元/千克；武汉 30～50 元/千克；广州 40～60 元/千克。同一地区不同季节差价也很大，在春夏季的价位比冬季特别是春节前后的价要低一半左右。如在每年的上半年武汉市市场上大鳝的批发价格在 12～16 元/千克，到了春节前后市场的批发价格达30～50 元/千克。在 2002 年春节，南京批发市场大鳝的批发价格 36～42 元/千克，春节后正月初五至初十这几日大鳝(200 克/尾以上) 批发价达到 60～80 元/千克。因此，暂养黄鳝巧赚地区差或季节差，已在全国各地均有不同规模，形成了黄鳝特有的追利一族。国内黄鳝的需求量每年近300万吨。仅在沪、宁、杭一带到了冬季春节前后，日供需缺口达100吨以上。

黄鳝养殖业的发展，推动了其产品加工的发展，已有简单包装的生鲜冻鳝片和冻鳝丝的生产；也有真空软包装的休闲食品柳叶鳝丝、醋熏鳝片及酥香鳝骨的生产；还有鳝血酒及全鳝药用酒的生产。同时，由于鳝鱼体内富含DHA和药用成分，国内外已在深加工和保健品方面进行研究开发。黄鳝的全身除了头和内脏，基本上都可用于加工生产食品和药品。因此，黄鳝的市场开发价值较大，有很好的发展空间。

二、黄鳝的生物学特性

（一）黄鳝的种类与分布

1. 种类 黄鳝（*Monopterus albus* Zuiew）在动物分类学上属鱼纲、合鳃目、合鳃科、黄鳝亚科。目前，经考察确定的合鳃科就此一种，另有合鳃鳝（*Symbranchus grammicus* Cantor）、肺囊鳝（*Amphipnous cuchia* Muller），均记录不详。

据观察，黄鳝有深黄或浅黄夹带黑斑点，青灰或浅灰夹带黑斑点等颜色之分，以前两种黄鳝生命力强，生长快，为优良品种；脊侧和颈部发黄的黄鳝，也可作为人工养殖品种。

2. 分布 黄鳝的自然分布在我国除了北方的黑龙江，西部的青海、西藏、新疆以及华南的南海诸岛等地区很少以外，其他地区均有不少分布，特别以长江中下游地区分布密度大，产量高。近年来我国大力发展水产业，人工引进养殖，除西藏及青海的部分地区外，新疆、海南等地区也有不少引进黄鳝养殖。因此，目前黄鳝已广泛分布于我国各地淡水水域。

在国外，黄鳝主要分布于泰国、印度尼西亚、菲律宾等地，印度、日本、朝鲜亦有分布。

（二）黄鳝的形态与构造

1. 外部形态 黄鳝体圆细长，前段管状，至尾渐侧扁，尾端扁细。全体裸露无鳞，头大，锥形，吻尖（图1-1）。

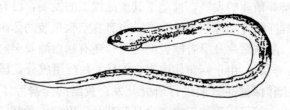

图1-1 黄 鳝

口大，端位，上颌稍突出，上下唇颇发达；上下颌骨和口盖骨均有细齿。口裂大，口裂后方伸达眼的后缘。眼小，位于颌骨上方，隐于皮膜之下，不十分明显。眼间隔稍隆起。鼻孔2对，前鼻孔位于吻端，后鼻孔位于眼前缘上方。

左右鳃孔在头部腹面连成一V形裂缝，合鳃由此而来。鳃3对，鳃丝极短，呈退化状。第三、四鳃弓咽鳃骨上面有上咽齿；第五鳃弓仅一块骨片，上面有下咽齿，上下咽齿均呈细小的绒毛状。

体光滑，侧线发达，稍向内凹。无胸鳍和腹鳍。背鳍和臀鳍退化成低皮褶与尾鳍相连，尾鳍小。体背部多为黄褐色或青灰色，腹部灰白色，全身布有许多不规则黑色小斑点。

黄鳝全长为体高的23.1～30.7倍，为头长的11.3～13.6倍（12.4±0.65）。头长为吻长的4.3～6.0倍（5.3±0.44），为眼径的9.8～17.3倍（11.8±1.59），为眼间距的6.7～7.8倍（7.1±0.34）。肠长为全长的0.62～0.67倍（0.65±0.0017）。

2. 内部构造

（1）骨骼系统 黄鳝的骨骼主要指脊柱和头骨组成的中轴骨骼，附肢骨骼仅残剩小部分。

脊柱（vertebra）由100～180个脊椎（vertebral column）组成，分躯干椎（trunk vertebra）和尾椎（caudal vertebra）两

部分，躯干椎 94～102 枚，尾椎 46～86 枚。躯干椎第一椎较小，髓弓（neural arch）及髓棘（neural spine）也较短，椎体前凸后凹，凸出面嵌入基枕骨后面的凹陷处，凹入两侧与第二椎的椎体相关节。髓弓的前关节突（prezygapophysis）与基枕骨凹陷面上方的一对小型突起相关节，后关节突（pestzygapophysis）则与第二椎的前关节突相关节。从第二椎开始，椎体均为两凹型，髓棘也较长。椎体的腹侧有一对横突（transverse process），其基部宽，前端尖细，并附着细小的肋骨（rib）。肋骨纵行，与横突相交呈直角，为背肋（dorsal rib）或叫上肋骨。随后的两个躯干椎，其横突的先端分叉，上肢较小为侧突，下肢较大伸向腹面为脉弓（haemal arch），无下肋骨。尾椎结构与躯干椎相同，但左、右脉弓会合成脉棘（haemal spine），侧突仍然很明显，髓棘和脉棘侧扁，先端分叉。尾椎从第一椎起越往后椎体越小，接近

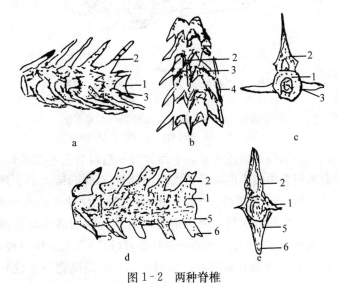

图 1-2　两种脊椎

a. 第 1～3 躯干椎的侧面　b. 第 1～3 躯干椎的背面

c. 第 5 躯干椎后面　d. 末躯干椎及尾椎的侧面　e. 尾椎前面

1. 椎体　2. 髓弓和髓棘　3. 横突　4. 背肋　5. 脉弓　6. 脉棘

尾部末端的椎体极小，几乎不能辨认。组成脊柱的脊椎骨数量因个体生长发育的情况不同而有变化。通常个体长大，脊椎骨数量增多，主要是尾椎骨数量逐渐增多（图1-2）。

头骨为长方形，其长度约为宽度的2.9倍，高度的2.2倍，骨片坚实。黄鳝的眼极小，只有极薄的眼肌将眼球着于头骨前端背侧的凹陷处，没有明显的眼窝和围眼眶骨。头骨后端两侧附有菱形的后颌骨，与上锁骨相接，上、下颌骨均狭长，上面着生许多细小的牙齿。头骨又分脑颅和咽颅两部分（图1-3）。

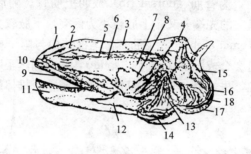

图1-3 头　骨

1. 筛骨　2. 外筛骨　3. 颊骨　4. 上枕骨　5. 前腭骨

6. 腭骨　7. 后翼骨　8. 方骨　9. 前颌骨　10. 上颌骨

11. 齿骨　12. 关节骨　13. 鳃盖骨　14. 鳃皮骨

15. 后颌骨　16. 前锁骨　17. 锁骨　18. 鳃弓

脑颅：脑颅的前段狭长，后段稍宽；后段容有小型的颅腔。颅腔背面沿背中线由前向后依次为中筛骨（mesethmoid）、外筛骨（ectethmoid）、额骨（frontal bone）和上枕骨（supiaoccipital bone）。中筛骨细长，两旁附着一对鳞片状的薄骨片为鼻骨（nasal bone）。中筛骨后面的一对外筛骨呈"Y"形，两臂外展，其基部插入两块额骨的前端。额骨狭长，后端略宽与上枕骨相接。上枕骨呈蝶形，背面正中突出如棱，较上枕骨略突。在上枕骨的两侧，前面是顶骨（parietal bone），中间是上耳骨（epiotic bone），后面是外枕骨（exoccipital bone）。顶骨和上枕骨很小，其外缘分别为蝶耳骨（sphenoid）及翼耳骨（pterotic bone）。蝶耳骨有一个突起伸向外侧。翼耳骨狭长，其后端附着一块极小的颞骨（temporal bone）（图1-4，a）。脑颅的腹面由前向后依次为犁骨（vomer）、副蝶骨（parasphenoid）、基蝶骨（basisphenoid）和基枕骨（basioccipital bone）。犁骨很小，副蝶骨细长，覆盖着基蝶骨的前端。基蝶骨的后端较宽，与基枕骨相接，其两侧为翼蝶骨（alisphenoid）和前耳骨（preotic）。（图1-4，b）。从脑颅的侧面来看，外筛骨、额骨的两侧分别与副蝶骨和基蝶骨相缝合，蝶耳骨和翼耳骨的外缘，附着舌颌骨（hyomandibular bone）和前鳃盖骨（preoperculum）。前鳃盖骨狭长，其前缘傍着后翼骨（metapterygoid）的上面及方骨（quadrate bone）下面。后缘靠着鳃盖骨（operculum）。在前鳃盖骨和鳃盖骨之间及鳃盖骨的下面分别有一块小而薄的骨为间鳃盖骨（interoperculum）和下鳃盖骨（suboperculum）（图1-4，c；图1-9）。

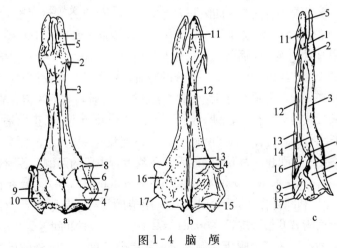

图1-4　脑　颅

a. 背面　b. 腹面　c. 侧面

1. 中筛骨　2. 外筛骨　3. 额骨　4. 上枕骨　5. 鼻骨　6. 顶骨　7. 上耳骨

8. 蝶耳骨　9. 翼耳骨　10. 颞骨　11. 犁骨　12. 副蝶骨　13. 基蝶骨

14. 翼蝶骨　15. 基枕骨　16. 前耳骨　17. 外枕骨

咽颅：咽颅的前颌骨（prema-xilla）细长，腹缘有细齿，其背面有前面狭长、后端较宽的上颌骨（max-illa）；上颌骨与前颌骨平行，仅后端伸出于前颌骨之后，无齿。腭骨（palatine）很厚，其前端和后缘有细齿，后面紧接着后翼骨（上面）和方骨（下面）。腭骨和后翼骨的背缘与副蝶骨、翼蝶骨或再与额骨相固结在一起，方骨后端的腹部伸出一个突起，与下面的关节骨相关节。前颌大而坚实，由齿骨（dentale）、关节骨（articulatio）、隅骨（angular bone）组成。齿骨上有多排较大排列较密的细齿。关节骨的背面有一凹陷与方骨

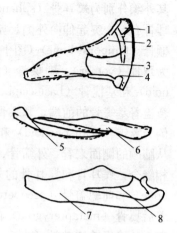

图 1-5　颌弓各骨侧面
1. 腭骨　2. 后翼骨　3. 方骨
4. 舌颌骨　5. 前颌骨　6. 上颌骨
7. 齿骨　8. 关节骨和隅骨

相关节(图1-5)。舌颌骨呈方形，有 4 个小突起，背面 2 个和蝶耳骨、翼耳骨相连，腹面前端的 1 个与续骨（symplectic bone）相接，后端的 1 个与鳃盖骨相关节。黄鳝的腭骨、后翼骨、方骨和脑颅愈合固结在一起，舌颌骨通过续骨和方骨相连，方骨再与下颌相关节。这种颌接式为双接型（amphistyly）。舌弓（hyoid arch）的正中是一根细长纵行的基舌骨（basihyoid），位于口咽腔的底壁，上面覆有黏膜，突出于口咽腔，为不活动的舌。在基舌骨中段的两侧，各附着由下舌骨（hypohyal bone）、角舌骨（ceratohyal bone）、上舌骨（epihyal）和间舌骨（interhyal bone）组成的骨弓，其中角舌骨最大，上面附着 6 根鳃皮骨（braneniostegal）。上舌骨和间舌骨很小，弓向背面，以韧带牵附于舌颌骨及前鳃盖骨之间。基舌骨的后端两侧各附着第一鳃弓（图1-6）。鳃弓（gill arch）共 5 对，细长不易辨认。第 1～3 鳃弓约 3～4 节，上附鳃丝，第 3～4 鳃弓弯向背面的咽鳃骨愈合并膨大，上面有细齿。第 5 鳃弓只 1 节，细小，

内缘有细齿（图1-7）。第2～5鳃弓各以韧带与基舌骨相连。

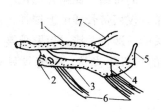

图1-6 舌骨侧面

1. 基舌骨 2. 下舌骨 3. 角舌骨

4. 上舌骨 5. 间舌骨 6. 鳃皮骨 7. 鳃弓

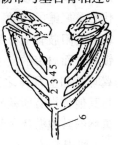

图1-7 鳃弓背面

1～5. 鳃弓 6. 基舌骨

在鳃弓的后面，有1对较大的且呈弓形弯曲的锁骨（clavicle），左右紧密相连于头部的腹面。锁骨的背面有短小的上锁骨（epiclavicle）。上锁骨与菱形的后颞骨（posttemporal）相接，后颞骨又与脑颅外枕骨的突起相关节。黄鳝虽无胸鳍，却保留着上锁骨和锁骨。可见，无胸鳍是一种次生现象（图1-8、图1-9）。

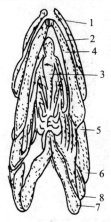

图1-8 头骨腹面

1. 前颌骨 2. 上颌骨 3. 尾舌骨

4. 齿骨 5. 鳃盖骨 6. 后颞骨

7. 上锁骨 8. 锁骨

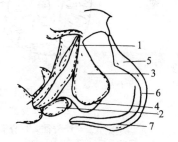

图1-9 鳃盖骨系及肩带

1. 前鳃盖骨 2. 间鳃盖骨

3. 鳃盖骨 4. 下鳃盖骨

5. 后颞骨 6. 上锁骨 7. 锁骨

由于上肋骨有支持肌节的作用，使肌节有较强大的屈伸力量，代替了尾鳍的摆动。因此，黄鳝的奇鳍、偶鳍皆退化。

黄鳝的附肢骨骼极为退化，带骨仅肩带骨残留上锁骨、锁骨和后锁骨，而肩带的最上方与分叉的后颞骨关接，后颞骨接于颅骨的翼耳骨和上耳骨之间。黄鳝的鳃极不发达，基鳃骨只有一块，与其他种类有所差异。

黄鳝的其他游离肢骨全部缺无。

（2）肌肉系统　黄鳝的体内无鳔，在水中的前进运动与上浮下沉，主要依靠体壁肌肉的收缩活动，弯曲身体推动水流，再借助水流的反作用来推进身体。肌肉系统包括躯干部和尾部的中轴肌及头部的肌肉，没有附肢肌，因为它的偶鳍均已退化。

中轴肌很厚实，由水平肌间隔分作轴上肌和轴下肌，没有纵行的上棱肌和下棱肌。左右肌节间有明显的背正中隔和腹正中隔。躯干部轴下肌较薄，包围体腔（图1-10）。

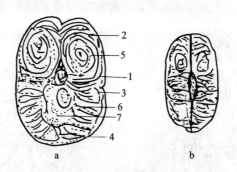

图1-10　躯干部

a. 尾部　b. 横剖示肌节

1. 脊椎　2. 脊椎中隔　3. 水平肌间隔

4. 腹正肌中隔　5. 轴上肌　6. 轴下肌　7. 体腔

头部的肌肉，眼肌退化，仅为薄片小肌。在头部背面和侧面的浅肌中最大的是下颌收肌（madductor mandibularis），可分作头部分肌（cephalic portion）和下颌分肌（mandibular portion）

两部分。头部分肌又分两块：背面一块起于舌颌骨和前鳃盖骨的前缘，止于上颌骨；腹面的一块起于前鳃盖骨的前面，止于下颌的齿骨、关节骨和上颌骨；都很结实。下颌分肌起于方骨的前缘和下骨的隅骨，止于齿骨。在下颌收肌头部分肌的后端背面，有鳃盖开肌（mdilatator branchiostegalis），起于蝶耳骨的后缘，止于鳃盖骨和舌颌骨相关节处。它的腹面还有鳃盖提肌（mlevator branchiostegalis），起于翼耳骨的后缘，止于鳃盖骨的背面和后缘。另外，还有一块上耳咽锁肌（mcleidopharyngis auris superioris），起于上耳骨的腹面，止于锁骨的上部（图 1 - 11）。头部腹面的肌肉有下颌间肌（mintermandibularis），是起止点均在左右两齿骨内侧的横行肌肉层。除去此肌可见在齿骨和基舌骨及角舌骨之间有颏舌肌（mgenioglossus）。在尾舌骨和鳃皮骨之间有鳃皮舌骨肌（mhyoideus membrana branchiostegalis）。在尾舌骨和锁骨腹面之间有舌锁骨肌，都是纵行的浅肌。此外，还有上

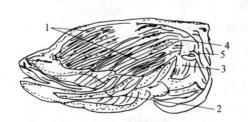

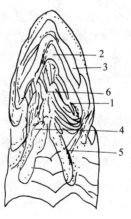

图 1 - 11 头部背面和侧面的肌肉
1. 下颌收肌头部分肌 2. 下颌分肌
3. 鳃盖提肌 4. 鳃盖开肌
5. 上耳咽锁肌

图 1 - 12 头部腹面的肌肉
1. 下颌间肌 2. 颏舌肌
3. 鳃皮舌骨肌 4. 舌锁骨肌
5. 上耳咽锁肌 6. 鳃

舌骨、角舌骨、下舌骨、尾舌骨之间的肌肉，为舌骨舌肌（图1-12）。各鳃弓间及背、腹面还有小束肌肉。

（3）消化、呼吸系统　剖开黄鳝的体腔，可见内脏器官均呈细长形，与它细长的体形相配合（图1-13）。

消化器官：黄鳝主食水中的小动物，它的下颌肌坚强。前颌骨、齿骨、腭骨及第3～5鳃弓上均有细小牙齿，用以捕取及扣留食物。口咽腔以后为细长而直的消化管，直贯体腔，开口于肛门。消化管有一处有环行缢痕，外表上很难区分各个部分，剖开管壁观察内部，可见前端部分内壁有许多条狭细的纵行皱褶，突出于消化腔的一段是食道（oesophagus）；皱褶逐渐加粗，会合成5条；终止于紧缢的幽门括约肌的一段是胃（stomach）；胃以后的部分，管内壁有细小的网状褶突的是小肠（small intestine），最后一段内壁光滑的是大肠（large intestine）。各段内壁的黏膜组织的特点和它们的功能相适应。在消化

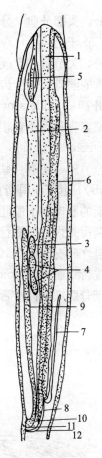

图1-13　内脏器官

1. 消化管　2. 肝脏　3. 胆囊
4. 脾脏　5. 心脏　6. 肾脏
7. 膀胱　8. 输尿管　9. 卵巢
10. 输卵管　11. 肛门　12. 尿殖孔

管的腹面右侧有一个长形的黄褐色腺体是肝脏（liver）。肝脏的前端较细，起始于心脏的围心囊的后面；后端渐粗，末端包埋着一个暗绿色长椭圆形的胆囊。在肝脏的后面有前、后排列的两叶

暗红色扁平腺体为脾脏（spleen）。

呼吸器官：口咽腔的腹壁有左右成对的狭缝为鳃裂。第1～3鳃弓上有粗短的鳃丝（gill filament），面向着鳃室。鳃不发达，但其口腔及喉腔的内壁表皮有微血管网，通过口咽腔表皮直接呼吸空气。即口咽腔及肠呼吸以补充鳃的呼吸不足。

（4）感觉器官和神经系统　感觉器官分嗅觉器、视觉器、侧线及位听感受器；神经系统分脑、脊髓、脑神经和脊神经。

嗅觉器：在头部前端有一对嗅囊（olfactory sac），以吻端的前鼻孔及眼球前缘上方的后鼻与外界相通，水流由此出入。从嗅囊的嗅黏膜通出一对嗅神经，向后直达大脑前方的嗅叶（olfactory lobe）。

视觉器：眼球（eyeball）被透明的皮膜即结膜所掩盖。视神经从眼球后方通出到间脑的腹面，极细小，不易观察。

侧线及位听感受器：侧线（lateral line）明显，位在身体两侧。侧线神经很长，沿水平肌间隔纵行并分支，与侧线感受器相联系。内耳（auris interna）位在头部耳囊分布于内耳的3个半规管（semicircular canals）很大。椭圆囊（utriculus）、球囊（sacculus）均较小。平衡觉及听觉比较灵敏。

脑和脊髓：脑（brain）很小，背面由前向后为嗅叶（olfactory lobe）、大脑（cerebrum）、中脑视叶（optic

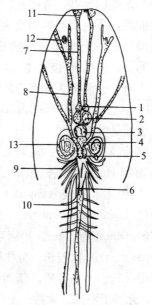

图 1-14　脑和脑神经背面
1. 嗅叶　2. 大脑半球　3. 视叶
4. 小脑　5. 延脑　6. 脊椎　7. 嗅神经
8. 颜面神经　9. 迷走神经　10. 脊神经
11. 嗅囊　12. 眼　13. 内半规

lobe)、小脑（cerebellum）和延脑（medul-la）图 1-14）。嗅叶很小，球形，位在大脑的前方，前面有一对长的嗅神经。大脑较嗅叶大，中央有纵行浅沟分成两个椭圆形半球。顶壁薄，腹壁较厚。间脑（diencepha-lon）被大脑半球所掩盖。中脑视叶较小，呈椭圆形。小脑前宽后窄，向背面突出。小脑后面一对椭圆形的突出部及其后端较宽的部分是延脑，呈椭圆形。延脑后面的脊髓（spinal cord）是细长扁圆柱形的神经管，一直伸到末端的尾椎。脊髓越向后越细。从脑的腹面看，一对嗅叶后面是大脑。间脑的正中腹面突出一个卵圆形的脑垂体（pituitary body），一个圆形极小的血管囊（saccus vasculosus）。两侧为椭圆形的下叶（inferior lobe），其后为中脑（mesencephalon）、小脑、延脑组成的脑干，脑干后面是脊髓（图 1-15）。

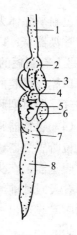

图 1-15　脑的腹面
1. 嗅神经　2. 嗅叶
3. 大脑　4. 脑垂体
5. 血管囊　6. 下叶
7. 脑干　8. 脊髓

脑神经和脊神经：从脑发出的脑神经（cranial nerve）中较粗大而明显的是嗅神经（olfactory nerve）、颜面神经（facial nerve）和迷走神经（vagus nerve）。视神经（optic nerve）、动眼神经（oculomotor nerve）、滑车神经（trochlear nerve）和外旋神经（abducent nerve）因眼肌退化而极小。三叉神经（tri-geminal nerve）比较长，分作眼支、上颌支、下颌支分支，与颜面神经并行也不易分辨。颜面神经又分出眼支、颊支或上颌支等5 支，分布于头部、吻端、上下颌、腭部、舌弓、鳃盖等处的皮肤黏膜和肌肉，是较大的混合神经。听神经（auditory nerve）很短，通入骨质耳囊，分布于内耳。舌咽神经（glossopharyn-geal nerve）分布于咽壁及第 1 鳃弓。迷走神经也是多分支的大神经，除分支到咽壁及第 2～5 鳃弓外，又分布出很长的侧线神经，沿体侧的侧线纵行，直到尾部，还有许多内脏神经支分布到消化管的前端和心脏等处。从脊髓发出的脊神经（spinal nerve）很多，按节排列分出背支、腹支和内脏支，分布于体壁背，腹面的皮肤和肌节，并与交感神经系（sympathetic nervous system）联系。

（5）泌尿生殖系统　由于黄鳝具有性逆转的奇特生物现象，使人们对黄鳝的泌尿生殖系统倍加关注。吸引不少生物学专家对此"阴阳之变"进行研究探讨。几十年来虽然在形态结构，生理变化方面有所了解，但是性逆转的机理，何以雌雄同体"先阴后阳"等，仍然是个谜，为学者专家们努力研究探讨的课题。

黄鳝的泌尿生殖系统由肾脏、膀胱和性腺组成（图1-16）。一对暗红色长带状的肾脏（kidney），位于体腔的背壁、脊柱腹面的两旁；约自肝脏前端起，一直伸展到躯干部的末端。肾脏的后端较宽，并左右愈合。从其腹面通出细长的输尿管（ureter），连接一根较粗并伸向前方的盲囊，即是膀胱（urinary bladder），输尿管向后通入肛门后方的泌尿生殖孔（Urogenital pore）。其形态构造及功能如下：

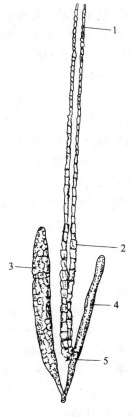

图1-16　黄鳝泌尿生殖
系统腹面观
1. 头肾　2. 肾　3. 性腺
4. 膀胱　5. 中肾管

肾脏：黄鳝肾脏分为头肾、中肾。分左右两肾叶。深红色，位于体腔背侧，紧贴脊椎。肾脏细长，呈"丫"形，前部分离，后部联合。两肾头约起于第19脊椎，靠近心脏。肾联合约发生在第 27 脊椎处。在肛门前第 10 脊椎处，肾脏骤然缩小，形成终端。从中肾的横切面看，中肾主要由肾小体、肾小管、集合管、中肾管以及大量的造血细胞等组成。每个肾小体及其所连的肾小管组成一个肾单位，即肾脏排泄的功能单位。在黄鳝肾脏的横切面上所见的肾单位不多，在肾脏的中、后段更少，甚至没有。肾小体分布于肾脏背缘和两侧缘，在中央和腹缘很少。每个肾叶中的肾小管或多或少呈放射状排列。在切面上可见到许多肾小管各部的纵行节段和横断面。肾小管都向各肾叶腹内侧的中肾管集中。在肾小管、集合管较集中的部位，有成群的细胞围绕着肾小管和集合管。这些细胞具有明显的淋巴细胞特征，这些淋巴细胞连同呈放射状排列的小管，将每个肾叶又分成 7～9 个肾小叶，也有分叶不明显的。在肾小叶内具有大量红细胞样细胞。它们排列紧密，大多呈多边形。并为肾被膜延伸进来的结缔组织所分隔。在中肾渐靠近头肾，无肾单位区域逐渐增大。由淋巴细胞形成细胞索，索与索之间交错相连，形成许多隧道样结构，大量的红细胞样细胞充塞其间。这些细胞与血管中见到的红细胞极为相似，尤其在头肾更为明显。黄鳝头肾组织无肾单位，由结缔组织形成大小不一的网眼和造血组织；此外，还有一些管径大的血管状结构。在完整的结构中可见密集的红细胞和散在的淋巴细胞。这些细胞即是黑色素巨噬细胞中心。因此，可以推测这些血管状结构内的血细胞尚未参与血液循环，并与中肾组织有特殊联系。

膀胱：肾脏左腹侧的管囊结构，呈乳白色，细长形为管囊状膀胱。约起于第 68 脊椎，脾脏左侧，前端为一盲端，有一小段游离。随之，便有系膜与肾脏相连。由于系膜较宽，故管囊前段可在体腔内移动。管囊中段与肾脏紧密相连，后段与粗大的尾静脉并行。该管囊开口于泌尿泄殖孔，并有小管道（中肾管）紧连肾尾，此处的管囊内表面背侧有一明显的纵行隆起，由来自肾脏的小管进入该管囊壁内所致。

生殖器官：黄鳝雌性个体在繁殖季节，有一个充满黄色卵粒的细长带状的卵巢（ovary），约从肝脏后端起一直伸展到肛门附近，以极短的输卵管（oviduct）开口于泌尿生殖孔。不同于一般动物的是，黄鳝的卵巢产完一次卵后就逐渐变为精巢。而生殖腺的发育也很特殊。人们一般认为，黄鳝左侧的生殖腺发达，而右侧的生殖腺退化。Chan（1967），曾蒨（1987），张小雪、董元凯（1994）等在研究黄鳝生殖腺的发生及结构时指出，黄鳝的生殖腺仅一个，除极少数在腹腔的左侧外，均位于腹腔右侧，腹腔左侧是一条长管囊状膀胱。其发育情况是：在黄鳝生殖腺发育一开始，为一对对称的生殖腺；出膜一段时间，对称性腺向右偏；发育到 1 个月时，左右生殖腺合二为一，形成一中间具结缔组织纵隔的生殖腺；出膜后 2 个月左右，生殖腺中间结缔组织纵隔消失；黄鳝出膜 4 个月左右，生殖腺分化结束，形成右侧单一生殖腺；出膜后 5 个月左右，单一生殖腺外观与 4 个月左右时长度差不多，但明显增粗，生殖腺内充满不同时相的卵母细胞，也明显增大，进而形成成体生殖腺为卵巢。

黄鳝的性腺发育过程非常特殊，即先雌后雄。生殖腺早期向雌性方向分化，性成熟产过一次卵后，即向雄性方向分化，再以后终身为雄性。在自然环境中一般情况是：体长 24 厘米以下的个体均为雌性；24～30 厘米个体雌性仍占 90％以上；30～36 厘米的个体雌性占 60％左右；36～38 厘米个体雌性占 50％；38～42 厘米个体雄性占到 80％左右；53 厘米以上个体几乎绝大部分为雄性。

（6）心脏及造血组织

心脏：在肝脏的前方，靠近头部，有一个长椭圆形的小囊，即围心囊，内包心脏，揭开围心囊，可见背面有薄壁深红色的静脉窦（sinus venosus）通入心房（atrium），心房又通入腹面厚壁浅红色的心室（ventricle），心室前为基部较宽的动脉球（bulbus aortae）和狭长的腹大动脉（ventral aortae）。腹大动脉前伸到鳃弓处，分出入鳃动脉到鳃。心脏各部均为狭长形的。

脾脏：位于胃的附近，深红色，长椭圆形，由一大一小一前一后两部分组成。两脾紧靠但无联系。表面光滑。前脾前钝后尖，背面下凸，腹面平；后脾两端均尖。脾脏由白髓和红髓两部分组成：白髓为密集的淋巴组织，有中央动脉穿过，有脾小结和生发中心；都有相同的血管走向，即一对中央动脉和静脉贯穿整个器官。脾脏是主要的造血器官。红髓的比例较白髓的大得多，更重要的是脾脏中具有比血液中多得多的各种发育阶段的红细胞、淋巴细胞和其他白细胞，尤其是大、小淋巴细胞。同时，脾脏能吞噬红细胞，具有吞噬功能；在腔隙中能贮存大量的血液，还具有贮血的功能。

从肾脏的结构来看，由于无肾小管、肾小体，而皆被淋巴细胞充满，成为淋巴髓质组织，从而失去了泌尿机能，变化成了一种造血器官，是制造淋巴细胞和其他白细胞的场所。

（三）黄鳝的生态习性与生物学特点

1. 生活史 黄鳝不像多数脊椎动物那样终生属于一个性别，而是前半生为雌性，后半生为雄性。每年的5～9月是黄鳝交配、产卵、孵化的季节；6～10月为鳝苗生长发育时期；10月到第二年的4月，为长成的幼鳝越冬期；第二年的4月一直到第三年的5～9月为幼鳝发育生长成熟期，第一次性成熟为雌鳝；也有发育较晚的鳝，要到第四个年头的5～9月才第一次性成熟为雌鳝的。雌鳝和雄鳝交配产卵育苗，而产过卵的雌鳝继续生长发育，其卵巢渐变为精巢，这时鳝体增长速度加快。到第四个或第五个年头时已完全转变为雄鳝，即第二次性成熟，以后再终身为雄鳝而不变性。在人工养殖条件下，其生长环境和饵料营养有保证，生长速度要快些，性腺发育也比较有保证；到成熟年龄基本上都性成熟，并且同步。其生活史如图1-17所示。

2. 生态习性 黄鳝为营底栖生活的鱼类，对环境适应能力

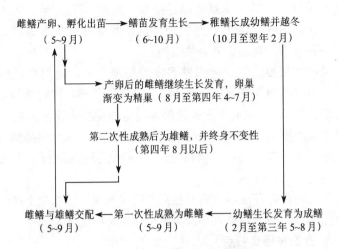

图1-17 黄鳝的生活史示意图

较强，在各种淡水水域几乎都能生存。湖汊、稻田、塘堰、池沼、水库等静水水域中数量较多；溪流、江河缓流处亦有。喜栖于腐殖质较多的水底淤泥中，甚至于在水质偏酸的环境中也能生活，常钻入泥底、田埂、堤岸和乱石缝中穴居。洞穴深隧（洞长为鱼体全长的 2.45～3.65 倍），结构较复杂（可分洞口、前洞、中间和后洞四部分），有的黄鳝洞穴有 3 个甚至多个洞口。黄鳝昼伏夜出，白天静卧于洞内，温暖季节的夜间活动频繁，出穴觅食，或守候在洞口捕食。在炎热季节的白天也出洞呼吸与觅食。黄鳝的活动与水温有关，有夏出冬蛰的习性。冬季水温较低，达 10℃ 左右时，摄食量明显降低，并开始潜土；水温在 5℃ 时尚有少量黄鳝摄取少量食物；在 4.5℃ 时有极少量黄鳝摄取少量食物；低于 4.5℃ 时停止取食，潜入泥土的深层，进行冬眠。在栖息处干涸时，能潜入土深 30 厘米处，越冬达数月之久。春季水温渐升至 10℃ 左右时，迁居地表、洞穴，开始活动觅食；水温15～30℃是摄食、活动和生长的温度；水温 20 ～28℃是摄食及活动频繁、生长旺盛的温度，为适宜生长温度；水温 28℃ 以上摄食量减少；水温 30℃基本停止摄食；水温 32℃开始出现不安状态；水温 36℃，黄鳝开始出现昏迷，此温度为临界温度。黄鳝是一种喜静、喜温、喜暗的动物。

黄鳝的口腔及喉腔的内壁表皮有微血管网，通过口咽腔表皮，能直接呼吸空气（在浅水中竖直身体的前部，将吻部伸出水面呼吸空气），故在水中含氧量较低时也能生活。出水后，只要保持皮肤的潮湿状，在一定时间内可不至死亡（这对商品鳝的长途运输是十分有利的）。黄鳝对光和味的刺激不太敏感，但有明显的避光栖息的特点。

黄鳝对外界环境的影响有很强的应激反应，频繁加上持续的外界影响，不断的刺激可导致黄鳝机体新陈代谢紊乱。

3. 食性与摄食特点

（1）食性　黄鳝是一种以动物性食物为主的杂食性鱼类。主要摄食各种水、陆生昆虫及幼虫（如摇蚊幼虫、飞蛾、丝蚯蚓、陆生蚯蚓等），大型浮游动物（枝角类、桡足类和轮虫类），最喜食的是丝蚯蚓和陆生蚯蚓，也捕食蝌蚪、幼蛙、螺、蚌肉及小型鱼、虾类。此外，兼食有机碎屑与藻类。饥饿缺食时，残食比自身小的黄鳝甚至鳝卵，也食部分麸皮、熟麦粒、蔬菜、瓜果类等植物。

杨代勤等（1997 年）研究发现，黄鳝在自然环境中生活，其食性随着休长的生长而发生变化。全长小于 100 毫米的稚鳝鱼，前期以摄食轮虫、枝角类为主，后期则以水生寡毛类、摇蚊幼虫为主（表 1-2）；全长 101～200 毫米的幼鳝及全长大于 200 毫米的成鳝，其食性随全长变化相对稳定，且幼鳝和成鳝的食谱基本相同，主要食摇蚊幼虫、水生寡毛类、蚯蚓、昆虫幼虫、枝角类和桡足类等（表 1-3）。

稚鳝的前肠道内容物中除了饵料生物之外，还含有大量的腐屑和泥沙，平均湿重百分比为：泥沙 36.57%，腐屑 24.95%，饵料生物 38.48%。其中，成鳝吞食鳝卵及稚、幼鳝的频率较

表1-2 稚鳝饵料生物组成随全长的变化

全 长	25～43毫米（13尾）		44～68毫米（12尾）		69～100毫米（23尾）	
	出现次数	频率（%）	出现次数	频率（%）	出现次数	频率（%）
蓝藻	8	61.53	7	58.33	6	26.09
黄藻	7	53.84	7	58.33	4	17.39
绿藻	11	84.62	10	83.33	10	43.48
裸藻	8	61.53	5	41.67	2	8.70
硅藻	12	92.30	10	83.33	13	56.52
轮虫	13	100.00	8	66.67	6	26.09
枝角类	12	92.30	11	91.67	10	43.48
桡足类	10	76.92	12	100.00	9	39.13
水生寡毛类	2	15.38	12	100.00	20	86.96
摇蚊幼虫	4	30.77	11	91.67	22	95.65
米虾	0	0	2	16.67	16	69.56
蝌蚪	0	0	0	0	10	43.48

表1-3 幼鳝和成鳝肠道中食物组成

全 长	101～200毫米（118尾）		200毫米以上（105尾）	
	出现次数	频率（%）	出现次数	频率（%）
蓝藻	17	14.41	8	7.62
黄藻	20	16.95	7	6.67
绿藻	86	72.88	19	18.10
裸藻	22	18.64	8	7.62
硅藻	108	91.52	44	41.90
轮虫	43	36.44	32	30.48
枝角类	69	58.47	54	51.43
桡足类	53	44.91	65	61.90
摇蚊幼虫	113	95.76	102	97.14
蚯蚓	41	34.75	55	52.38

（续）

全　长	101~200 毫米（118 尾）		200 毫米以上（105 尾）	
	出现次数	频率（%）	出现次数	频率（%）
水生寡毛类	115	97.46	97	92.38
昆虫幼虫	87	73.73	98	93.33
蝌蚪	24	20.34	44	41.90
米虾	12	10.17	36	34.29
稚幼鳝	3	2.54	12	11.43
鳝卵	6	5.08	49	46.67

高，占 58%，说明黄鳝种内相互残杀较凶。因此，在生产中大小黄鳝一定要分开养；进行黄鳝繁殖时，应尽早将亲鳝与受精卵分开，否则，当黄鳝食物缺乏时，则会大量吞食鳝卵及稚鳝。

　　黄鳝对植物性饵料大都是迫食性的，效果不好（摄食效果及摄食后的生长效果都不好）。稚鱼在取食某种饵料的习惯一旦形成时，就比较难改变。因此，在饲养黄鳝的开始阶段，必须做好主要饲养饵料的驯养工作，为人工饲养打好基础。

　　（2）摄食特点　黄鳝对食物的选择性很强，喜食鲜活动物，但在自然条件下，饵料生物的周年变化，其食物有被迫性的季节变化。杨代勤研究表明，按周年计，幼鳝前肠内容物中，被摄入的泥沙占食团湿重的 22.30%~65.42%，腐屑为 14.08%~45.44%，饵料生物为 17.18%~63.18%；而成鳝前肠内容物中，被摄入的泥沙则占食团湿重的 18.15%~68.73%，腐屑为 12.35%~43.73%，饵料生物为 5.78%~62.37%。无论在幼鳝还是成鳝食团中，泥沙成分均以春季占比例最大，腐屑也以春季占比例最大，而饵料生物则均以夏季所占比例最大（表1-4、表1-5）。在不同季节，黄鳝所摄入的物质中饵料生物所占比例不同，在春季要明显小于泥沙和腐屑，而在夏秋季又明显高于泥沙和腐屑，这与自然环境中不同季节饵料生物丰欠有关。夏秋两季是黄鳝生长旺季，饵料生物丰富，摄入的较多，对黄鳝生长是非常有利的。

表1-4 幼鳝（101～200毫米）**肠管内含物季节变化**
（前肠内容物100克湿重）

季节	泥沙（%）			腐屑（%）			饵料生物（%）		
	最大	最小	平均	最大	最小	平均	最大	最小	平均
春	65.42	23.14	44.28	45.44	14.08	29.56	32.43	19.49	25.96
夏	37.14	22.30	29.72	30.72	20.20	25.40	63.18	26.46	44.62
秋	34.53	32.73	32.63	32.46	25.02	28.74	60.08	17.18	38.63

注：冬季黄鳝不摄食，几乎均为空肠。

表1-5 成鳝肠管内含物季节变化（前肠内容物100克湿重）

季节	泥沙（%）			腐屑（%）			饵料生物（%）		
	最大	最小	平均	最大	最小	平均	最大	最小	平均
春	68.73	24.37	46.55	43.73	12.35	29.04	43.04	5.78	24.41
夏	37.62	19.28	33.45	26.52	13.76	20.14	62.37	42.45	46.41
秋	31.25	18.15	28.70	29.82	21.52	25.67	58.25	37.01	4.63

注：冬季黄鳝不摄食，几乎均为空肠。

在人工饲养的情况下，一般用蚯蚓或者是用鲜鱼肉、蚌壳肉投喂黄鳝。也有用蚯蚓或者是鲜鱼肉、蚌壳肉拌一定配比量的农副产品作饵料投喂黄鳝，这要有一定时间的驯食过程，让黄鳝慢慢地适应。

黄鳝的摄食强度随季节温度变化而变化。观察发现，每年水温在18～30℃时，幼鳝及成鳝均持续摄食，成鳝在繁殖季节也不例外。试验表明，按季节划分并以长江水域为例：春末（4月下旬）、整个夏季（5～7月）及初秋（8月）摄食量最大，肠管充塞度达4～5级的个体占78%；秋季中后期（9～10月）次之，肠管充塞度达4～5级的个体占62%；春季中末期（4月上、中旬）的个体肠管充塞度达 4～5 级的占 37％；而在冬季和早春（11 月至翌年 3 月上、中旬），在水温低于 12.5℃左右时，肠管内极少有食物充塞。黄鳝耐饥饿，在较长一段时间内不摄食而不死，但体重明显减轻。

黄鳝摄食方式为口噬食及吞食，多以噬食为主，适口的食物一口吞进，不经咀嚼咽下；遇大型食物时先咬住，并以旋转身体的办法，将所捕食物一一咬断，然后吞食，摄食动作迅速，摄食后即以尾部迅速缩回原地。

黄鳝性贪食，一般情况下摄食率在 3％～5％，在夏季活动旺盛时，摄食量增大，可达 8％；其最大摄食量据报道，日食量约占体重的 1/7 左右（即摄食率 15％左右）。

4. 生长与年龄

（1）生长特点　黄鳝在自然条件下生长较缓慢，而且由于产卵期较长，在雌性生长期特别慢。同时，不同个体生活的环境又不一致，故同龄鱼个体差异很大。在湖北省的湖泊、河道中捕捉的鳝鱼，1^-龄鳝全长 18～24.5 厘米，体重 6～13 克；$1～1^+$龄鳝全长 23～30 厘米，体重 12～32 克；$2～2^+$龄鳝全长 27.5～38 厘米，体重 29～94 克；$3～3^+$龄鳝全长 37～49 厘米，体重 48～117 克；$4～4^+$龄鳝全长 48.5～55 厘米，体重 99～210 克；$5～5^+$龄鳝全长 55.5～65 厘米，体重 150～280 克；$6～6^+$龄鳝全长 65～70 厘米，体重 275～373 克；7 龄鳝全长 86 厘米左右，体重 542 克。

在人工饲养条件下，生长较快：$1～1^+$龄鳝全长 20～34 厘米，体重 19～96 克；$2～2^+$龄鳝全长 30～45 厘米，体重 74～270 克；$3～3^+$龄鳝全长 42～55 厘米，体重 178～360 克；$4～4^+$龄鳝全长 53～66 厘米，体重 340～725 克；$5～5^+$龄鳝全长 60～70 厘米，体重 650～900 克，最重的可达 1 000 克左右。

（2）生长与年龄的关系　黄鳝的全长、体重与年龄密切相关。在自然条件下，黄鳝的生长指标和生长常数随着年龄的增长而有变化。一般黄鳝的生长指标为 3.554 6～8.891 0；生长常数为 0.078 7～0.749 5。不同年龄阶段，生长指标和生长常数不同（表1-6）。从表1-6不难看出，黄鳝在2龄前生长较慢，3龄以后生长显著加快，第4龄较快，5龄后相应减慢。

（3）年龄的鉴定　黄鳝的年龄鉴定与其他鱼类有所不同。黄鳝无鳞，各鳍均已退化，鳃盖骨也不发达，年轮不清楚，其脊椎骨和耳石是比较理想的鉴定材料。椎骨的椎体中心部分，有较宽的明带和较窄的暗带，规律地以同心圆为轴交替出现，即每龄的生长年带，都是由一条较宽明带与一条较窄暗带组成，窄带为年轮，因此，根据暗带数目确定黄鳝年龄。黄鳝的耳石在中心向外，有许多小颗粒钙状质结晶，以同心圆形成分层排列，其排列形式与鱼类鳞片的结构十分相似。而且耳石的层次与椎体年轮数目完全一致。因此，耳石的层次多少，也代表了年龄多少，可以作为年龄鉴定的佐证。

（4）生长比较　黄鳝在自然水域中生长速度较慢，但在人工饲养条件下，其生长比较快。有研究报道，池养黄鳝的生长比速和生长指标远远高于自然水域中的黄鳝（表1-6、表1-7、表1-8）。

表1-6　黄鳝的自然生长情况统计表

年龄	全长（厘米）	体重（克）	增重率（%）	生长指标	生长常数
0	22.57	10.6			
1	26.43	16.4	54.7	3.55	0.078 7
2	32.49	32.0	95.1	5.45	0.309 6
3	41.52	64.0	100	7.97	0.613 1
4	51.42	123	92.2	8.89	0.749 5
5	59.50	221.7	80.3	7.49	0.655 9
6	67.33	361.7	63.1	7.36	0.680 1

表1-7 黄鳝池塘放养与收获及生长情况统计表

池号	放养			收获			生长指标	增重率（%）
	重量（千克/米²）	规格（克/尾）	尾数	重量（千克/米²）	规格（克/尾）	尾数		
1	2.6	22	118	8.32	76.3	109		246.8
2	3.4	20	170	7.98	81.4	98		307.2
两池平均	3.0	21	144	8.15	78.35	103	28.96	274.97

注：池养水质条件是水温 24.5～29℃，透明度20厘米，DO 4～8毫克/升，pH6.8～7.4，H_2S<0.2毫克/升，氨<0.1毫克/升。

表1-8 黄鳝自然条件生长与池养条件生长比较

条件	始		生长时间	末		生长指标	增重率（%）
	年龄	体重（克）		年龄	体重（克）		
自然	1	16.45	180天	2⁻	32	5.45	95.1
池养	1	21.00	97天	1⁺	78.74	28.96	274.9

绝对增重及增重率：在成鳝养殖中，池养黄鳝的绝对增重平均为57.74克/尾，增重率平均为274.97%（彭秀真等）。经观测，自然水域中黄鳝的生长，绝对增重量平均为32克/尾，平均增重率为95.1%。也就是说，在自然水域中黄鳝的生长年增重为1倍左右，而池养黄鳝的生长年增重可达3倍左右。

作者在大湖汊里的网箱中养殖黄鳝，每平方米放养1.8千克，平均鳝体重47.5克/尾，饲养100～128天（苗种分4批购进）。养殖结果，鳝体重平均为139.2克/尾，增重率293.0%，增重倍数2.9倍。其中生长最好的网箱，鳝体重为平均219.8克/尾，增重率达到362.7%，增重倍数达3.6倍。

作者在室内用水族箱饲养体重平均14.4克/尾的黄鳝，共饲养95天（4月1号至7月4号），积温1 869.5℃，均温19.7℃；最后收获的黄鳝体重平均38.1克/尾，平均净增重23.7克/尾，增重率164.6%。由于4～5月连绵不断阴雨，持续低温（15℃左右），因此真正生长较好的，仅在6月份的30天，鳝体增重率达 74.3%。在 1/3 的养殖时间内，鳝体增重率却快达整个养殖增重率的近 1/2，所以在人工养殖中只要温度适宜、饵料充足，黄鳝生长是较快的，最好的年增重可达 4～5 倍。

5. 性别与性逆转 黄鳝不像其他动物那样终生属于一个性别，而是前半生为雌性，后半生为雄性，中间转变的阶段叫雌雄间体。这种由雌到雄的转变叫性逆转现象。

多年来，黄鳝的性逆转现象被人们不断地研究探讨，近几年来逐渐被人们揭示。邹记兴（1999—2000 年）研究出黄鳝的性逆转与鳝体内 H-Y 抗原的存在有关。利用自制的抗 H-Y 血清，对黄鳝进行试验，检测各发育时期的性腺、脑、脾及肌肉组织，结果是：雄性有 H-Y 抗原，雌性没有；性逆转过程中，H-Y 抗原从雌性到雄性是从无到有逐渐递增的。还研究出黄鳝性逆转与血清蛋白有关系，采用聚丙烯酰胺凝胶电泳方法，对黄鳝的血清蛋白进行了分析，结果是：血清蛋白区带雌鳝卵巢从 Ⅱ～Ⅳ期为 8～11 条；雄鳝精巢 Ⅰ～Ⅳ期为 11～14 条；雌雄间体为 17～20 条。经 CS-930 岛津双波长色谱扫描发现处于性逆转的雌雄间体鳝有较多的吸收峰。而雄鳝比雌鳝多的血清蛋白是大分子的糖脂蛋白，黄鳝性逆转可能与这种蛋白的增加有关。

在达到性成熟的黄鳝群体中，较小的个体是雌性，较大的个体主要是雄性，中间个体为雌雄间体。而这种呈雌雄间体的性腺组织实际上是一个动态过程，在这个生理变化过程中，有功能的雌性转变为有功能的雄性。其发育过程是：黄鳝的幼体性腺逐步从原始生殖母细胞到分化成卵母细胞，黄鳝从幼体进入成体，性腺发育成典型的具有卵母细胞和卵细胞的卵巢，以后又逐渐发展成成熟卵，这就决定第一次进入性腺发育成熟的个体都是雌鳝。雌鳝产卵后，可以明显地发现性腺中的卵巢部分开始退化，起源于细胞索中的精巢组织开始发生，并逐步分支和增大，即性腺向着雄性方向发展，这一阶段的黄鳝即处于雌雄间体状态。之后卵巢完全退化消失，而精巢组织充分发育，并产生发育良好的精原细胞，直到形成成熟的精子，这时的黄鳝个体已转化为典型的雄性。

四川省农业科学院水产研究所，详细研究了自然生长的黄鳝的性腺发育变化，得出结果是：

（1）雌性时期　卵巢外有一层结缔组织形成的被膜，膜内为卵巢腔，充满形状各异、大小悬殊、不同发育阶段的卵母细胞，卵径0.08～3.7毫米（Ⅰ～Ⅴ期）。

（2）雌雄间体阶段　多数黄鳝在2龄后，全长24.5～37厘米时开始转入这一时期，个别全长可达45厘米以上。此阶段性腺被膜加厚，卵巢逐渐退化，精巢逐渐形成。间体初倾向于雌性，后期倾向于雄性。显微镜下可见少数残留的细小卵粒，这些小卵粒不会再发育成熟，而是逐渐退化吸收，以及分解成橘黄色的絮状物，同时也可看到刚形成的不完整的曲精小管。

（3）雄性阶段　多数黄鳝在3龄以上为雄鳝，也有2龄就逆变为雄鳝的。未成熟的精巢细长，灰白色，表面分布有色素斑点。显微镜下可见曲精小管及不活动的精子。性成熟的精巢较原先粗大，表面分布有形状不一的黑色素斑纹，显微镜下可见数量多而小的活动精子。

综合国内外学者对黄鳝性逆转的调查研究，可以概述如下：体长20厘米以下的黄鳝为雌体；体长22厘米左右的成体有的开始性逆转；体长36～38厘米时，雌雄个体数几乎相等；38厘米以上时，雄性占多数；53厘米以上时，几乎绝大部分是雄性。

近期根据江苏省宝应县子婴间特种水产站在当地的调查，对上述结论有一些新的修正。该站在当地湖荡、池塘中捕获的黄鳝，体长达60～65厘米时，仍发现有雌性个体，且能正常产卵孵化。这说明性逆转也受环境条件的影响，很可能在生物饵料丰富的状况下，黄鳝的生长加速，在同样的生长期却出现了超乎寻常的体长。因此，人工饲养条件下，或自然饵料丰富的水体，黄鳝因生长加速，个体增大，其性逆转的个体相应要大得多。

三、黄鳝的人工繁殖

（一）黄鳝繁殖生物学

1. 黄鳝的成熟系数和怀卵量

（1）成熟系数的变化 在长江水域，黄鳝的生殖季节是 5～8 月，繁殖盛期是 6～7 月；在珠江水域，繁殖季节要提前 1 个月左右。黄鳝的成熟系数随季节的变化而不同。以长江水域为例，1～3 月卵巢经历了Ⅱ、Ⅲ期的发育阶段，4 月下旬卵巢发育达到Ⅲ期末，成熟系数显著上升。5 月中旬至 7 月底卵巢由Ⅳ期末转入Ⅴ期，卵巢重量大幅度增加，6～7 月达到最高峰。而后成熟系数明显下降。雌鳝成熟系数的变化范围为 0.1％～22.9％，雄鳝成熟系数为 0.04％～2.75％。

（2）怀卵量 不同体长和体重的黄鳝怀卵量各有不同，个体长和体重大的黄鳝怀卵量明显大于个体短、小的黄鳝，详见表 1-9、表 1-10。

表 1-9 南京地区不同体长黄鳝的怀卵量

体长 （厘米）	标本数 （尾）	绝对怀卵量（粒/尾）	
		变动范围	平均值
20～24.9	8	51～164	89
25～29.9	36	62～266	121
30～34.9	7	224～614	428
35～39.9	13	413～654	480
40～61.8	4	681～1 326	1 119

表 1-10 江苏宝应地区不同体长黄鳝的怀卵量

体长（厘米）	怀卵量（粒）
20	185～250
30	220～300

（续）

体长（厘米）	怀卵量（粒）
40	350～500
50	550～1 000
60	1 000～1 500
65	1 500～1 800

不同地区的黄鳝，由于生长环境不同，怀卵量也不同。江苏南京地区与宝应地区相同体长的黄鳝怀卵量不同，表现出较明显的地区差异。

江苏地区有人对 80 余尾体长 12～46 厘米，体重 16.5～99.5 克的黄鳝进行检测，个体怀卵量在 172～891 粒，平均 261 粒/尾。按个体体重对比，每克体重怀卵量在 5.48～18.2，平均每克体重 10.3 粒。

1999 年，作者对湖北省武汉地区自然水体中的 68 尾体长在 15～42 厘米，体重 13.5～102 克的黄鳝进行检测，个体怀卵量在 156～796 粒，平均 236 粒/尾。按个体体重对比，每克体重怀卵量在 4.18～12.26 粒，平均每克体重 8.30 粒。在 2001—2002 年间，对网箱和水泥池人工养殖的 121 尾（检测到的雄性黄鳝除外）体长在 12～45 厘米，体重 10～212 克的黄鳝进行检测，个体怀卵量在 109～1 198 粒，平均 292 粒/尾。按个体体重对比，每克体重怀卵量在 6.34～17.25 粒，平均每克体重 11.26 粒。

（3）产卵类型　从黄鳝卵巢周年变化规律看出，一年内其性腺成熟系数只在夏季出现一次高峰，其余季节一直较低。同时，除繁殖季节外，各月卵巢均处于卵黄发生期早期阶段，未发现IV期卵母细胞。虽然产卵后，其他月份有次发性早期卵母细胞出现（例如，6 月底II期卵母细胞占 48.8%，III期卵母细胞占 27.3%；至 10 月底，前者上升为 66.7%，后者上升为 33.3%），但是，它们在非产卵季节并未能发育成熟（IV期卵母细胞数量为 0），必须待下一性周期的繁殖季节出现时才能成熟、长足（例如，4月底Ⅰ、Ⅱ期卵母细胞占74.6%，Ⅲ期占25.4%，至5月底Ⅰ、Ⅱ期和Ⅲ期急剧下降为23.7%和15.8%；而Ⅳ期卵母细胞4月底为0，5月底则上升为59.2%）。这一方面说明，鱼类卵巢发育严格受季节变化周期的影响和神经内分泌系统的调控。另一方面说明，黄鳝的性腺发育尽管在全年内具有不同时相的卵母细胞分批发育，但一年内卵母细胞成熟、长足的只存在一次，也就是只有一个产卵季节，在自然条件下仍然属于一年一次产卵类型。

2. 繁殖情况及环境条件 黄鳝每年只繁殖一次，在每年的4～8月，盛期为5～6月。其产卵周期较长。黄鳝的繁殖季节到来之前，亲鳝先打繁殖洞。一般洞打在田埂边，洞口通常开于田埂的隐蔽处，洞口下缘2/3浸于水中，分前洞和后洞。前洞产卵，洞长10厘米处比较宽阔，上下高约5厘米左右，宽约10厘米。后洞则细长，作隐蔽栖身。在较大的水体中或在不方便打洞的水域，亲鳝寻找茂密的水草、水草根、瓦砾、石缝等可隐蔽的物体做巢。

3. 自然性比与配偶构成 黄鳝生殖群体在整个生殖时期是雌多于雄。其中2月雌鳝占91.3%，从6～8月雌鳝产过卵后性腺逐渐逆转，到9月雌鳝逐渐减少到38.3%，10～12月雌、雄鳝大约各占50%。在秋、冬季节，人们捕获黄鳝捉大留小，因此开春后仍是雌多雄少。黄鳝的繁殖，多数属于子代与亲代配对，也有与前两代雄鳝配对。但在没有雄鳝存在的情况下，同批黄鳝中就有少部分雌鳝逆转为雄鳝后，再与同批雌鳝繁殖后代，这是黄鳝有别于其他动物的特殊之处。

4. 自然产卵与孵化 性成熟的雌鳝腹部膨大呈浅橘红色（也有灰黄色），有的亲鳝有一条红色横线。产卵前，雌、雄鳝吐泡沫筑巢，然后将卵产于洞顶部掉下的草根上面，受精卵和泡沫一起漂浮在洞口。受精卵黄色或橘黄色、半透明，卵径（吸水后）一般为 2～4 毫米。亲鳝，特别是雄亲鳝有护卵的习性，一般要守护到鳝苗的卵黄囊消失为止。亲鳝吐泡沫作巢一般有如下作用：一是使受精卵不易被敌害发觉，保护鳝卵；二是使受精卵托浮于水面，而水面则一般溶氧高、水温高（鳝卵孵化适宜水温 21～28℃），有利于提高孵化率；三是亲鳝吐的泡沫中，有对鳝卵孵化起着重要作用的物质，目前尚未认清是何种物质。

黄鳝卵从受精到孵出仔鳝，一般在 30℃左右水温中需要 5～7 天，25℃左右水温需要 9～11 天。自然界中黄鳝的受精率和孵化率可达 95%～100%。

（二）人工繁殖亲鳝的准备

亲鳝的来源可由自然水域捕捉野生鳝，也可直接从培育池获得。无论何种途径获得，在产前均要进行一段时间的强化培育。培育期间每天投喂动物饵料（水蚯蚓、环毛蚓、蝇蛆，并搭配一些剁碎的鱼肉内脏等）和一定配比量的植物饵料，投食量为鳝鱼体重的 2.5%～8%。保证鳝性腺发育所需的蛋白质含量和其他微量元素的含量，尽力保证饵料营养的全面，以利性腺发育成熟。此外，还要经常注入新水，以防亲鳝受病菌感染。产卵前停喂 1 天。

亲鳝选择的原则是：体质健壮，无伤无病，发育健全。

1. 雌鳝的选择　雌鳝应选择体长 30 厘米左右、体重 50～150 克的为好。成熟的雌鳝腹部呈纺锤体，个体较小的成熟雌鳝腹部有一明显透明带，体外可见卵粒轮廓，用手轻摸，柔软而有弹性，生殖孔红肿。

2. 雄鳝的选择　雄鳝的个体较雌鳝大，应选体长 39 厘米以上、体重 200～500 克的为好。雄鳝腹部较小，腹面有血丝状斑纹，生殖孔红肿，用手挤压腹部能挤出少量透明状精液。

（三）催产与人工授精

1. 催产

（1）催产药物的种类及其剂量　黄鳝的催产药物可采用促黄

体生成素释放激素类似物（LRH‐A），绒毛膜促性腺激素（HCG），鲤、鲫脑垂体（PG）。注射剂量须根据水温、亲鱼的成熟度和亲鱼大小等情况灵活掌握。

采用LRH‐A：一次注射药物，体重在20～50克的雌鳝，每尾注射8～13微克；50～150克的雌鳝，每尾注射10～25微克；150～250克的雌鳝，每尾注射20～35微克。雄鳝在雌鳝注射后24小时再注射，每尾注射10～20微克。

采用HCG：一次注射药物，每千克雌鳝用2 500～3 000国际单位；雄鳝在雌鳝注射后24小时再注射，剂量减半。

采用PG：一次注射药物，每千克雌鳝用6～8毫克；雄鳝在雌鳝注射后24小时再注射，剂量减半。

（2）催产药物的配制 LRH‐A和HCG按产品包装标明的剂量换算，用生理盐水稀释溶解，达所需浓度。PG按所需剂量称出，放入干燥洁净的研钵中，干研成粉末。再加入几滴生理盐水研成糊状，充分研碎后加入相应的生理盐水，配成所需浓度的悬浮液。

（3）催产方法 将选好的亲鳝用干毛巾或纱布包好，防止其滑动，然后在胸腔进行注射。针头先刺进胸部皮肤及肌肉，在肌肉内平行前移约0.5厘米，然后插入胸腔注射，注射垂直深度不超过0.5厘米，注射药液量不超过1毫升。注射后的亲鳝放在小网箱或水族箱中暂养，水深控制在20～30厘米，每天换水一次，大约换1/2水量。

由于亲鳝的大小和成熟度不一致，同批注射的亲鳝，其效应时间长短差别很大，因此要持续不断检查，在水温25℃左右时，注射40小时后每隔3小时检查一次。要检查到注射后80小时左右。检查的方法是：捉住亲鳝，用手触摸其腹部，并由前向后移动，如感到鳝卵已经游离，则表明开始排卵，应立即进行人工授精。

2. 人工授精 先选择雄鳝，生殖孔红肿，用手挤压腹部，能挤出少量透明液体；有条件的为慎重起见，取少量液体放在400倍以上的显微镜下观察，如见有活动精子，即为成熟雄鳝，放在箱中待用。将开始排卵的雌鳝取出，一手垫干毛巾握住前部，另一手由前向后挤压腹部，部分亲鳝即可顺利挤出卵，但也有部分亲鳝会出现泄殖腔堵塞现象，此时可用小剪刀在泄殖腔处向内前开0.5～1厘米，然后再将卵挤出，连续3～5次，挤空为止。将卵挤入瓷盆后（内面一定要光滑），立即把雄鳝杀死，取出精巢（精巢一般呈黑灰色），迅速剪碎，放入盛有卵的盆中（人工授精时的雌雄配比视产卵量的多少而定，一般为3～5：1），然后用羽毛轻轻搅拌，边搅拌边加入生理盐水，以能盖住卵为度，充分搅匀后，放置5分钟，再加清水洗去及吸出精巢碎片、血污、破卵、混浊状的卵，即完成人工授精。

（四）孵化与胚胎发育

1. 人工孵化　鳝卵的相对密度大于水，在自然繁殖的情况下，鳝卵靠亲鳝吐出的泡沫浮于水中孵化出苗；人工孵化时，无法得到这种漂浮鳝卵的泡沫，鳝卵会沉入水底。因此，人工孵化时，可根据产卵数量选用玻璃、瓷盆、水族箱、小型网箱及孵化桶等孵化。

（1）静水孵化　水位控制在10～15厘米。一般人工授精率较低，未受精卵崩解后，易恶化水质，应及时清除。因是封闭型容器，要注意经常换水，确保水质清新，溶氧充足，换水时水温差不要超过3℃（每次换水1/2～1/3，每天换水2～3次），胚胎发育过程中，越到后期，耗氧量越大，需增加换水次数（每天换水4～6次）。受精卵在静水孵化，管理得当，均能孵出鳝苗。

（2）滴水孵化　是在静水孵化的基础上，不断滴入新水，增加溶氧，改善水质。具体做法是：提前一天在消毒洗净的器皿底部均匀铺上一层经清水洗淘、阳光暴晒的细沙；从水龙头接出小皮管，用活动夹夹住皮管出水口，以控制水流滴度，将受精卵转移至铺有细沙的器皿中；打开水龙头，调节活动夹至适宜水滴速度。滴水速度视孵化鳝卵多少而定，若用脸瓷盆，一般为30～40滴/分钟，至第四天后调至50～60滴/分钟。总之，视水温情况调控滴水。孵化的器皿最好有溢水口，要经常倾掉部分脏水。

（3）流水孵化　于木框架中铺平筛网，浮于水面上。把鳝卵放入清水中漂洗干净。拣出杂质、污物。以筛网上均匀附有薄薄一层卵块为宜，筛网浮于水泥池中的水面上，即可孵化。将鳝卵的1/3表面露出水面。并保持微流水，水泥池一边进水，一边溢水。

若是鳝产卵较多，可用孵化桶流水孵化。孵化桶是一种专用孵化鱼苗的工具，下面底部进水，上面有网罩过滤出水，靠水的冲力把鳝卵浮在水中，水的冲力不能太大。

在孵化期间要注意观察胚胎发育情况，及时拣出死卵，冲洗掉碎卵膜等。技术得当，水温在28～30℃，经过4～5天即可出苗；水温在23～28℃，需6～8天出苗；水温在20℃左右时，需要10天左右出苗（表1-11）。

表1-11　黄鳝人工催产及孵化情况

编号	催产日期	平均水温（℃）	效应时间（小时）	产卵数（粒）	受精率（%）	出膜时间（小时）	出膜数（尾）	孵化率（%）
1	7月27日	24	69	250	63.2	134～210	140	88.6
2	8月3日	26	78	350	71.4	156～192	228	91.2
3	8月5日	26.5	67.5	430	65.1	173～205	259	92.5
4	8月10日	27	62	390	68.5	165～197	232	86.9
5	8月15日	26	71.5	405	64.0	158～213	223	86.1
6	8月21日	24.5	59	310	67.7	140～193	190	90.5
7	8月28日	23	51.5	230	73.5	150～201	148	87.6

注：出膜时间一栏中，前面的数字是开始出膜所需的小时数，后面数字是出膜全部结束所需的小时数。

基底铺的细沙可防水霉病，还可帮助胚体快速出膜。因为正常的胚体在出膜前不停转动，活动剧烈，与细沙产生摩擦而加速卵膜破裂，使之早出膜。

出膜的幼苗放入大瓷盆、水族箱及小水泥池中饲养，水深10～30厘米，每天换水1/3，至卵黄囊吸收完毕，投喂煮熟的蛋黄粒或小型浮游动物，开口吃食数日后，即可放入幼苗培育池中。

2. 胚胎及仔鱼的发育

（1）受精卵的胚胎发育　黄鳝卵的胚胎发育受温度的影响较大，从受精卵到仔鱼出膜，在水温29～31℃时，需150小时左右；水温25～27℃时，需要168小时左右。胚胎发育过程见图1-18。

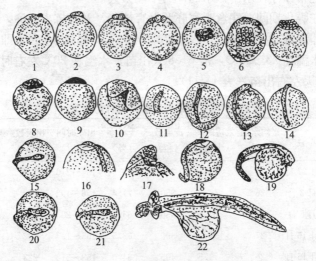

图 1-18　黄鳝胚胎发育示意图

1. 未受精卵　2. 受精后40～60分钟，见到胚盘　3. 受精后约120分钟，第一次卵裂　4. 第二次卵裂　5. 第三次卵裂　6. 第四次卵裂　7. 第五次卵裂　8. 囊胚期　9. 原肠始期　10. 胚盾出现　11. 神经胚形成　12. 大卵黄栓时期　13. 小卵黄栓时期　14. 胚孔闭合　15. 形成神经沟　16. 心脏形成　17. 心脏分出心耳、心室　18. 尾芽形成　19. 尾部后伸　20. 出现菱形脑室、胸鳍　21. 视泡出现　22. 仔鱼黄鳝卵的卵径 3.3～3.7 毫米，卵粒重 35 毫克左右。卵黄均匀，卵膜无色、半透明。卵子受精后 12～20 分钟，受精膜举起，形成明显的卵间隙，此时卵径增大到 3.8～5.2 毫米，并开始有原生质流动。受精后 40～60 分钟，可见到明显的胚盘，从卵子受精直到原肠早期，卵的动物级均朝上。

卵裂期：在 25℃左右的水温下，鳝卵受精后 120 分钟左右，发生第一次分裂。受精后 180 分钟左右发生第二次分裂，受精卵约 240 分钟，第三次卵裂，第四次分裂在受精后 300 分钟左右，受精后 360 分钟左右形成大小基本相等的 32 个细胞，呈现单层排列，此后分裂继续进行，经过多细胞期，于受精后 12 小时左右发育到囊胚期。

原肠期：随卵裂的继续进行，动物极细胞越来越小，原肠期开始。受精后 18 小时左右，动物级细胞下包，进入原肠早期，形成环状隆起的胚环。受精后 21 小时左右，胚盾出现。受精后 35 小时左右，下包到卵的 1/2，神经胚形成。受精后 44 小时左右，发育到大卵黄栓时期。受精后 48 小时左右，进入小卵黄栓时期。受精后 60 小时左右，胚孔闭合。

神经胚期：在原肠下包的同时，动物极的细胞开始内卷，在受精后 21 小时左右，胚盾形成并不断加厚，形成原神经极。此后，随原肠的下包，神经板不断发育和伸长，在受精后 65 小时左右，尾芽开始生长时形成神经沟。

器官发生期：受精后 60 小时左右。形成细直管状的心脏，并开始缓慢跳动，每分钟 45 次左右，血液中无红细胞。此后，心脏两端逐渐膨大，有心耳、心室之分，进而出现弯曲。受精后 90 小时左右，形成"S"形心脏，心跳每分钟 90 次左右，血液中有红细胞而呈红色。胚孔闭合，尾芽开始生长。受精后 77 小时左右尾端朝前形成弯曲。受精后 95 小时左右后尾部朝后伸展，并不断伸长。受精后 65 小时左右，神经胚的头部膨大，形成菱形的脑室。受精后 85 小时左右，视泡出现在前脑室两侧，受精后 100 小时左右晶体形成。受精后 69 小时左右，胸鳍形成，并不断扇动，每分钟 90 次左右。在受精后 94 小时左右，胚胎的背部和尾部形成明显的鳍膜。到卵黄囊接近消失时，胸鳍和鳍膜亦退化消失。

水温 21℃时，受精后 327 小时（288～366 小时）仔鱼破膜而出。此时体长一般在 12～20 毫米，刚脱膜仔鱼卵黄囊相当大，直径 3 毫米左右。仔鱼只能侧卧于水底或做挣扎状游动。

（2）仔鱼的发育　黄鳝仔鱼孵出后，仍然靠卵黄囊维持生命。待全长达 28 毫米左右，颌长 1.2 毫米左右时卵黄囊完全消失（图 1-19），胸鳍及背部、尾部的鳍膜也消失，色素细胞布满头部，使鱼体呈黑褐色，仔鱼能在水中快速游动，并开始摄食小型浮游动物和丝蚯蚓。

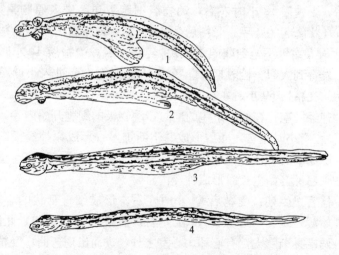

图 1-19　黄鳝鱼苗的发育
1. 孵出后 49 小时，全长 17 毫米　2. 孵出后 93 小时，全长 21 毫米
3. 孵出后 145 小时，全长 22.5 毫米　4. 孵出后 266 小时，全长 28 毫米

（五）人工模拟条件，自然产卵孵化

最近几年黄鳝养殖发展较快，自然捕获的苗种已不能满足生

产要求，特别是有一定规模的生产，很难凑齐所需的批量苗种，即便是能凑齐苗种，也需要较长一段时间，并且要分批多次购进，往往直接影响生产，因此，黄鳝的苗种问题很大程度上限制了黄鳝的规模养殖。人们利用传统的人工繁殖苗种技术，进行黄鳝的人工催产孵化，虽然也能生产出苗种，但由于黄鳝的特殊生殖生理现象，产苗数量不大且劳动强度大，又对亲鳝伤害大，其催产率和孵化率还不如自然产卵的高，劳民伤"鱼"，得不偿失。

作者通过多年实践和对全国其他养殖情况的不断观察，总结出以下几种简单易操作，并能批量生产黄鳝苗种的方法。

1. 水泥池或池塘生产苗种 这种水泥池或池塘与一般养殖黄鳝的池一样（详见四），就是面积要稍小一些，控制在 10 米^2 左右。无土、有土都行，但以有土的产卵和出苗率要高些，并有一定的保证。具体方法是：在 3 月就要准备好亲鳝，雌雄配比按尾数为 3：1；若是按体重则为 1：1。有土有微流水的 1 千克/米^2；无土或无微流水的池放 0.5～0.75 千克/米^2。有土的栽茭白、芋头、菖蒲、稻、稗（选其中一种）都可以；无土的则一定要在水中放 1/2～2/3 面积的水花生或水葫芦或其他水草。4～5月加强培育亲鳝，6～9 月产卵孵化。捞出卵（连泡沫一起捞），在另外水体孵化；或捞出小苗，在另外水体培育。卵或苗都要放在易操作管理的小水泥池，或塑料大盒，最好不要放入网箱。产苗多少与亲鳝的培育直接相关，一般情况下收购的鳝种，仅在当年产前强化培育一段时间（2 个月以上），每平方米产苗 600 尾左右；若是头一年都已经开始人工培育，性腺发育有一定的把握，这样的亲鳝，每平方米可产苗 1 000 尾左右，最多的可产到2 000 尾左右。亲鳝养到年底，产过卵的雌鳝可留存明年作雄鳝；交配后的雄鳝可继续留用，也可养到年底作商品鳝卖掉。

2. 网箱生产苗种 与一般养殖黄鳝的网箱设置一样，但网目要小，面积要小；长方形，长 3～5 米，宽 2～4 米，高 1.5～2 米。网箱太大或正方形，不利于操作和网箱的水体交换。具体操作方法与前面1相同。

3. 稻田生产苗种　与一般养黄鳝的稻田一样，做好防逃设施和沟溜工程（详见六），面积不要大，在1亩*左右即可。具体方法是：先选好亲鳝备用，雌雄配比按尾数为3：1；若是按体重则为1：1。有微流水的稻田放 0.3～0.5 千克/米²；无微流水的稻田放 0.1～0.3 千克/米²。按常规春耕耙田，栽好秧后即放入亲鳝；产出的卵或苗捞出来后在另外水体孵化或培育。

四、黄鳝养殖水域的生态环境

黄鳝的养殖基地，应选择在无污染的水域（如湖泊、河流、水库及大塘等）和生态条件良好的地区（大规模的养殖基地，选点应远离工矿区和公路、铁路干线），避开工业和城市污染的影响。详见附录一《绿色食品　产地环境技术条件》（NY/T 391—2000）。一般都选择在城市的郊区和农村。为谨慎起见，在有规模地营建池塘时，要先检测水源的水质，按附录三《无公害食品　淡水养殖用水水质》（NY 5051—2001）的标准检测。一般送到专业的检测部门进行检测，检测可靠，又可出具相关的许可证书。在不可能送检的地区，要做好感官检测：即要求水源无异色和异臭，并且水面上不得出现油膜和泡沫；不能有悬浮物；周围环境不得有化工厂污水或农药渗入水中。

（一）养鳝池的基本条件

1. 地点选择　鳝池宜选择地势稍高的向阳背风处，要求水源充足，水质良好，有一定水位落差，便于进水和排水。农村家庭房前屋后的零星水面，如小水塘、水坑、水沟等都可建成养鳝池。

2. 大小形状　池子大小根据现有条件和饲养规模而定。小

---

* 亩为非法定计量单位，1亩＝1/15公顷。

池 $2\sim3$ 米^2 到大池 100 米^2 不等，一般以 $10\sim20$ 米^2 较适宜。池子形状不拘一格，因地制宜，长方形、方形、圆形均可。若是建成有一定规模的养殖池，以长方形较好，池深 $1\sim1.5$ 米为宜。

3. 结构布置 水泥池或土池均可，无论何种鳝池，在建池时都要考虑防逃，易捕和注、排水方便这三个原则。

（1）水泥池 池壁用砖或块石浆砌，水泥抹面，池高 1.5 米。若池高不到 1.5 米，壁顶要用砖横砌成"T"字形压口。池底用水泥浆抹面或用黄泥、石灰、沙子混合夯实。池底留有排水孔 1 个，在池同一边离池底约 $50\sim60$ 厘米处，开 1 个圆形溢水孔（或者在排水孔上安装一个与排水孔直径一样大小的管子为溢水口，从池塘底部算起，管子有多高，水位就有多深。见图 1-20、图 1-21），排水孔和溢水孔上均要安装防逃设施（外用一层稀铁丝网罩，内用一层网孔尺寸为 0.250 毫米的筛绢布罩紧。铁丝网挡住浮渣，筛绢布挡住鳝苗种）。建成后，新池要堵住孔，

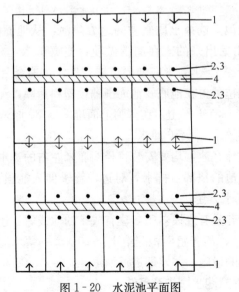

图 1-20 水泥池平面图

1. 进水管 2. 溢水管 3. 排水管 4. 排水沟

放满池水，浸泡数日"脱碱"，放掉池水；再放干净水备用。无土养殖放水 60～80 厘米；若是有土养殖，在池底铺一层 20～30 厘米的淤泥和青草沤制成的有机质土层，以利黄鳝打洞穴居，再注入新水并栽种水生植物成活。水深保持 20～30 厘米，池壁高出水面 50 厘米左右，以防黄鳝逃跑。

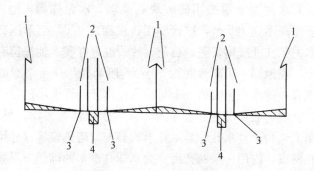

图 1-21　水泥池剖面图
1. 进水管　2. 溢水管　3. 排水管　4. 排水沟

（2）土池　选择土质坚硬的地方建池，从地面向下挖 40～50 厘米，用挖出来的土在周围做埂，埂宽 1 米，高 60～80 厘米，整个池深 1～1.3 米。埂要层层夯实。如有条件，最好在池底铺一层油毡，再在池底及池周围铺设塑料薄膜，无土养殖放水 40～50 厘米；有土养殖，在薄膜上面堆 20～30 厘米淤泥或有机质土层，再放水 20～30 厘米。

无论是什么池，均要安装直径 6 厘米左右的进水管，进水管最好安装在池的顶部，排水管对边，管子伸入池顶孔中约 20～40 厘米，注水方便。

另外，若是有规模养殖，建有成排的池或塘，还要修建蓄水池，每 100 米^2 的养殖面积配给 15～20 米^3 的蓄水池。蓄水池要建有过滤水的设施，并定期进行消毒。

（二）养鳝池水域生态条件

1. 环境生态条件　池子建成后，可在池内种植一些水生植物，如水葫芦、水花生等，可改善水质，增加溶氧，还可供黄鳝隐藏休息。在池周种些瓜类，夏天遮挡阳光，降低水温，有利黄鳝生长。

池底淤泥软硬要适度，以利黄鳝挖洞穴居，若底泥太稀，造成混穴，底泥太硬，不利鳝打洞。以能插稳竹棍为宜。

2. 水质要求 黄鳝养殖的水质，按《渔业水质标准》（GB 11607）、《无公害食品 淡水养殖用水水质》（NY 5051—2001）标准执行（附录二和附录三）。根据无公害养鳝标准，水中溶氧量要求在 3 毫克/升以上，透明度在 25～30 厘米，盐度不高于 2。

（三）网箱养殖黄鳝水域生态条件

网箱放养黄鳝的密度一般比较大，要求养殖水域水体要大，水位较深。最好活动水或微流水，如湖泊、水库的汊湾，水流缓慢的河溪，较大的池塘，甚至经过整修的较大的稻田。具体要求是：避风向阳，水深 1.5 米以上，并在黄鳝的养殖生长期间，水位不能有太大的涨落。

五、黄鳝的苗种培育

（一）清整鳝池

冬季排干池水，有土养殖的要清除多余的淤泥（保留 20～30 厘米厚），彻底暴晒池底。放鳝苗前 20 天左右，注入部分水（有土池注水 10 厘米左右，水泥池无土养殖注入水 30 厘米左右）。选择晴天，用生石灰化水泼洒消毒，每平方米用 80～120 克。在 7～10 天生石灰药效过后，有土养殖的池中铺撒一层发酵过的肥料，注水 10～15 厘米，5～8 天后开始生长浮游动物，再放苗入池。无土池则要加入部分新水，或者是养殖中慢慢地加新水。

（二）鳝苗的培育

1. 鳝苗来源及放养 鳝苗的来源一是从野外采捕鳝苗；二

是全人工孵化鳝苗；三是捞取天然卵连同泡沫装水桶内，运回人工孵化。同池养的鳝苗大小要一致，放养前用 1‰～2‰ 食盐水消毒。

2. 鳝苗饲养方式　鳝苗的人工饲养有多种多样，目前比较常见的有以下几种方式：

（1）水泥池养苗　水泥池的修建与设施按前面介绍的方法做。养鳝苗的水泥池以每口 10 米² 左右为好，一般放养 300～400 尾/米²，微流水不断的水泥池可放到 400～500 尾/米²。水位控制在 30 厘米，夏季炎热时可控制在 50 厘米。

（2）大塑料盒养苗　一般装食品用的白色塑料盒，长 50 厘米、宽 30 厘米、高 30 厘米，或者长 60 厘米、宽 40 厘米、高 30 厘米均可。在塑料盒宽边的 20 厘米处钻一个直径 1～1.5 厘米的孔，并装上直径相应的长约 15～20 厘米的塑料管，为溢水口。管子口用密筛绢布封好，防鳝苗逃跑。一般每盒放鳝苗 100～200 尾，流水不断的可多放一些。

（3）池塘养苗　池塘的修建与设施按前面介绍的方法做。防逃设施一定要不跑鳝苗，一般用网布做外层，尼龙筛绢布做里层，两层防逃网布盖出水口。养鳝苗的池塘面积宜小不宜大。池塘以 20～100 米² 的面积为好，一般放养密度为 200～300 尾/米²，微流水不断的池塘可放到 300～400 尾/米²。

三种养殖方式，在饲养中都要设置供鳝苗隐蔽栖身的场所，水泥池和池塘放入消毒过的水草（用高锰酸钾每立方米水体 20 克浸泡 20～30 分钟，或用二氧化氯每立方米水体 3 克，或用漂白粉每立方米水体 10 克浸泡 15～20 分钟），水草以水葫芦和水浮莲较好，放水草的面积占养殖水面的 1/2～1/3；塑料盒放入消毒过的棕丝或麻丝（棕丝、麻丝也用上述药物浸泡，还要洗净搓软）。水泥池和池塘适宜较大的规模批量饲养鳝苗，塑料盒适宜小批量饲养鳝苗。

值得注意的是：在鳝苗饲养过程中，由于黄鳝产卵个体的不同步而造成的先后产卵，以至于鳝苗大小不一；或同批苗种生长的个体差异，也导致苗种大小不一，要严格分级饲养，并且在饲养中尽量定时把大小分开饲养，否则，大一点的鳝苗吞吃个小体弱的鳝苗，导致养殖成活率低下。

3. 鳝苗饲养技术　小鳝苗开始用熟蛋黄和豆浆调成糊状撒喂，集中喂养 2～3 天后，再逐步投喂其他适合的饵料。最近几年黄鳝养殖发展较快，各地根据本地情况，因地制宜地采用多种育苗法，且经济适用，现总结如下：

（1）粪肥培养法　采用人畜粪尿，经过沤熟施肥，以肥水来培育水中的浮游生物，该法成本低，操作方便。鳝苗入池后就有天然的活饵料食取，有利于生长发育。具体做法是：在鳝苗入池前 3～5 天，每天投施经过腐熟的粪肥 1 次，每平方米每次投施畜粪 150～200 克；或者人粪尿 80～100 克，滤去粪渣后加水稀释，全池均匀泼洒。此法不足的是：肥料在池中腐烂分解，容易污染水质而导致池水缺氧，不利于鳝苗生长甚至泛塘死苗，水质肥度不好掌握。

（2）大草培育法　用大草培育鳝苗，实际上也是用大草沤熟来培育水中的浮游生物，然后育苗。在鳝苗入池前 5 天，每平方米按 150～200 克大草、10～15 克生石灰配给。做法是：先在池底放 5 厘米厚的淤泥，接着放 10 厘米厚的大草，草上按上述比例放一层生石灰，然后隔 2～3 天翻动一次，残渣要及时捞出池外。待肥水培育浮游动物后，再放鳝苗。

（3）草浆培育法　草浆法取饵方便，可节约大量精料，降低生产成本。方法是：采用易消化的水草，如水花生、水葫芦、水浮莲等，打成草浆后加入 3％的食盐，放置 8～12 小时即可全池泼洒喂鳝苗。草浆打得越细越好。加食盐的目的是去掉水花生中的皂甙，否则鳝苗不吃。

（4）草浆拌肉糜培育法　先按上述方法打好草浆，再将动物饵料（如蚯蚓、螺蚌肉、小鱼肉及动物内脏、畜禽下脚料等，选其一种或多种），剁成或绞成肉糜再按一定比例拌在草浆中，投喂苗种，鳝苗生长快。

（5）饲料培育法　用豆浆等来喂养鳝苗。豆浆营养丰富，能满足鳝苗的发育需要，鳝苗吃剩的豆浆又可直接肥水，池水变肥较为稳定，便于掌握。培育的鳝种体质健壮，规格整齐。具体方法是：将黄豆1.2～1.5千克，用25℃左右温水浸泡5～7小时，直到黄豆两瓣间空隙涨满为止，再加水20～25千克磨成浆即可。磨好的浆汁，用布袋榨去豆渣，要尽快泼浆喂鳝，以免时间过长使浆汁天热发酵变质，或浆汁悬浮在池中时间太长。泼洒豆浆时要泼得"细如雾，匀如雨"，全池泼洒。同时，还需注意多在早晚投料，并采取少量多餐的方法，不宜一次多量。

（6）动物饵料培育法　前面介绍的几种培育法，都只能在苗种培育初期使用，长期使用这几种方法，饵料量不便掌握，水质不便控制，黄鳝苗生长也不好。一般在放养的初期使用前面几种方法中的一种后，待鳝苗稍微长大一点，就开始投喂捞取的水蚤、丝蚯蚓及切碎的蚯蚓、蝇蛆、河蚌肉、鱼肉等。也有人认为鳝苗开口的最佳饲料为丝蚯蚓，接着喂其他动物饵料。这样喂养的幼鳝，生长速度快且健壮。方法是：水蚤和丝蚯蚓消毒后直接投喂，其他动物饵料绞碎消毒后再投喂。在投喂过程中，以动物性饵料为主，但也要不断加入一定比例的植物性饵料，特别在喂养后期，搭配一定数量的麸粉、豆饼粉等很有必要。动物活饵培育方法详见第三章。

鳝苗在一般条件和技术饲养下，当年长到3～5克/尾；经过精心饲养的当年可长到每尾10克左右；长得最好的可达20克/尾。

（三）鳝种的筛选与培育

1. 鳝种来源及筛选

（1）鳝种的来源　鳝种目前有人工培育、野外捞取及市场购买三种来源。无论哪种渠道的鳝种都必须严格把关。养殖黄鳝能否获得成功，取得较好的经济效益，黄鳝种苗的选购是一个很关键的技术。有很多初养者不懂得选种技术，在外购得或捕得大批种苗，没有把握好选购技术关，有这样或那样的潜在问题，表面上看不出来。在以后的饲养过程中，一边养一边就出现各种各样的病害问题，若不及时采取措施，就会边养边死，这样一来，黄鳝的养殖成活率就低，以至于养殖失败，损失严重。即使采取措施，黄鳝的生长也要受很大影响。因此，尽量不要把问题留在养殖过程中去处理，而在养殖前的种苗选购时就想办法解决能解决的所有问题，使养殖过程顺利进行。下面我们总结多方面的养殖经验，介绍在选购黄鳝苗种时要注意的几个关键问题。

首先要选择正规的黄鳝养殖场家：购苗时，必须考察养殖场家是否正规，是否具备检疫条件或检疫过的证件，黄鳝种苗是否是人工培育。正规的黄鳝养殖场家培育的黄鳝苗，已经过人工驯化，这种黄鳝种苗抗逆性强，成活率高，喂养起来适应快，生长也较快；并且还能进行病虫害检疫和出具相关证明书。若不是正规的养殖场就要弄清黄鳝苗种的来源，是人工养的鳝种规格较整齐，颜色较一致；是野外捕捉的鳝大小不一，颜色深浅黄灰不一。在今后的养殖发展中，国家要求实行无公害养鳝的标准，并要求逐步到位；凡是出售黄鳝的苗种或食品鳝都要有检疫检测的相关证书。

要选择优良的黄鳝品种：黄鳝依其体色一般可分为三种类型，一种是体表深黄色并夹有大斑点，或浅黄色夹有斑点，腹部白色，它的增肉倍数为3～5倍，生长较快，以它作为饲养品种是最好的；第二种为体表青黄色夹有灰暗斑点，腹部白色有的夹有灰暗斑点；第三种是体表灰色且斑点细密。后两种类型生长速度缓慢一些，增肉倍数也小些；在天然群体中后两种鳝的数量比例不大，可以不计较；但在选择作繁殖亲本时，尽量不要挑选后两种。以第一种为主。

要选择体质健康的鳝种：选购黄鳝种苗，要选择体型匀称，体质健壮、体表无伤、无病而且有一定光泽,规格大体一致的黄鳝种苗,不购有病、规格悬殊的黄鳝苗种,更不能购买虽然体表无病无害但无一点光泽的鳝,这种鳝很可能是电捕或药捕的。

要正确选择购黄鳝苗种的季节:购黄鳝种苗最好选择在每年的 4 月、5 月初,以避开 5 月中旬至 7 月的黄鳝性成熟繁殖期。选购黄鳝苗种不要在炎热的夏天和严寒的冬天,夏季 7～8 月时,收集、运输黄鳝,易对鳝造成伤害而感染生病;冬季黄鳝的价位较高,这时购鳝作种不合算。

要选择适当规格的鳝种:如果是养鳝种,要求达到 30～50 克/尾,就要放养 3～5 克/尾的鳝苗;如果是养成鳝,要求达到 100 克左右/尾,放养鳝种时要放 20～30 克/尾;要求达到 200 克左右/尾,放养鳝种时要放 30～50 克/尾。养殖的目标不一样,所需的鳝种规格不一样。

目前到处都宣传国外特大鳝种,实际上好多特大鳝种就是本地鳝种,价格又高,可能还是转手几道的黄鳝种,成活率不高,还不如在农村直接捕捉或收购的鳝苗种。

(2) 鳝种的筛选方法　选购或留用的鳝种苗,由于捕捞、暂养及运输中受伤或受病害感染,难免有质量不好的,在以后的饲养中会不断发病死亡,而且还会感染其他鳝种,因此一定要在饲养前淘汰。通过以下的方法可淘汰劣质鳝种:

感官筛选法:在实践中不断总结经验,凭自己的感觉和经验进行筛选。鳝苗种健康活泼欢跃,用手提住时鳝苗种能抬头且挣扎有力,鳝肌肉紧绷。若身体、尾部扭曲,发红斑,肛门红肿,以及用手提鳝时鳝体软绵无力为劣质鳝种。

水流筛选法:鳝鱼喜欢逆水行动,用适当的力将鳝池内的水按一定方向搅动,鳝鱼朝相反的方向游行(顶水行动),活动自如,那是正常鳝;若是跟着水流走、无力游动的为质量不好的鳝种苗。

拍打筛选法:根据野生鳝平时惊动少的特性来筛选。筛选时用浅盆盛装鳝鱼，然后轻拍盆沿，质量好的鳝种会往外跳，跳不动或不跳者是劣质鳝种，但是受伤和患寄生虫病的鳝种也往外跳，所以要仔细鉴别筛选。

行为筛选法：根据鳝鱼的群聚性来筛选。在无土的水体中，鳝鱼成群地往四角钻顶的为质量好的鳝种，单独游走活动无力的为劣质鳝种。

入穴筛选法：根据鳝鱼喜居洞穴的特性来筛选。将鳝种放入有土或者是有水草的水体，在 2 小时左右钻入洞穴或水草的鳝种为好鳝种，不钻洞或不钻草，或是钻头不钻尾，再或是钻进一会又出来的，大都是不好的鳝种；也有一部分质量不好的鳝种能钻洞或钻草。

摄食筛选法：根据鳝种的摄食正常与否来筛选。鳝种一般在经过捕捞、运输等以后，头几天不摄食，在开口摄食后，投喂 2％的配合饲料或 3％黄粉虫或 5％蚯蚓或 8％绞碎的鲜鱼肉，在水温 20～28℃时，若能在 2 小时之内吃完一半以上饲料，可视为质量好的鳝种。

盐水或药物浸泡筛选法：食盐水对鳝鱼刺激性很大，筛选时一定要掌握好有效浓度，浓度大了或消毒时间过长都可致死鳝种。盐水浸泡鳝种，可起消毒作用，也可加速劣质鳝种的死亡。一般浸泡浓度是：小鳝苗为 1％；鳝种为 2％；大一点鳝种为 3％。浸泡时间 5～10 分钟。在浸泡过程中，质量好的鳝种开始紧张不安，稍后渐安静，或有规律地运动；质量不好的鳝种，因盐水刺激伤口等，会狂跳乱游，尾巴扭曲，一直都不会安静。最后放入养殖水体，质量好的鳝种可钻洞或钻草入穴。质量不好的则在水面上漂游。

用其他的消毒药物浸泡鳝种，方法及情况与上述的一样。

我们一般先用感官筛选，再用盐水浸泡结合流水筛选法，消毒结合筛选一次完成，既省工省力，又减少对黄鳝的操作伤害。总之，在选购及筛选黄鳝种苗的每个环节上都要多留心，多了解。只有选好鳝种苗，才能进行正常养殖，选好种苗是养殖的基础。

2. 鳝种的驯养 在外选购或捕捉来的黄鳝大都为野生的鳝，这种鳝作鳝种养是要经过处理的。因为，野生鳝种不适应人工饲养的环境，一般不肯吃人工投喂的饵料，必须要经过饲料的驯化过程和环境适应过程；另外，野生鳝种大部分体内有寄生虫并伴发肠炎，因此还要在驯饲过程中用药物杀虫消炎。

具体驯饲的方法是：鳝种放养 3～4 天内先不投饲，然后将池水排出 1/2，再加入新水，待黄鳝处于完全饥饿状态后，即可在晚上进行引食。将黄鳝爱吃的蚯蚓、水蚯蚓、螺蚌肉、蛙肉、鱼肉等切碎，分成几小堆，放入池内食台上或水草上。第一天投饲量为鳝种总重量的 1%，第二天如果没有吃完还投第一天的量，如果已吃完可增加一点，逐步递增，待黄鳝每天吃食达 5% 左右时（一般需 6～7 天时间），并且吃食正常后，稳定观察几天，没有什么异常现象，就可在以上饲料中掺入一定比例其他来源比较丰富的人工饲料，如鱼粉、血粉、蚕蛹粉及煮熟的动物内脏和少量的豆饼、麦麸粉等（要按鳝种所需的营养比例配给）。或者直接购买人工配合饲料。第一天可取代引食饲料的 1/10，吃得好以后每天增加 1/10 的量；若吃得不好，取代饲料的量适当减去点儿，让其慢慢适应。什么时候吃完，什么时候再添加取代饲料，慢慢地逐步取代，7～8 天后可投喂的人工饲料达 90%～95%，这就可以了，不过还要保留投喂 5%～10% 的鲜活动物饵料，以引诱黄鳝多食。由于黄鳝习惯在晚上吃食，因此驯饲多在傍晚（一般是 17～18 时）进行。待驯饲得差不多后，慢慢地在每天早上加投一次，夏季在早上的 8～9 时，春秋季在上午9～10 时，这样每天就投喂 2 次（也有傍晚投喂的推迟到晚上21 时左右投喂）。投饲量以傍晚的为主，约占每天总投饲量的 60%～70%，上午仅投 30%～40%。黄鳝能早晚正常吃食了，这才算是人工驯养完全成功。这时开始杀虫消炎，把选好的药物拌在饵料里投喂，一般在投喂人工饲料时进行。具体的药物、药量及用药方法在后面病害防治的有关章节中专有介绍。

3. 鳝种的饲养方式 基本上与成鳝差不多，只是用网箱养时，网布的眼孔要小，以钻不出鳝种为准。鳝种池的清整方法同前面的鳝苗池清整。每年 3 月底 4 月初开始放小鳝种。饲养密度视养殖条件和技术水平而定，一般是每平方米 150～200 尾（1 千克左右）。

4. 鳝种的饲料 黄鳝种主要吃丝蚯蚓、蚯蚓和绞碎的小鱼、小虾、蝇蛆、河蚌、螺蛳、蝌蚪、幼蛙肉及生活在水底的小动物。人工喂养黄鳝，除投喂上述饵料外，还可以喂蚕蛹，屠宰下脚料和配合饵料等，有条件的地方可用灯光诱引飞蛾等昆虫为食。

鳝种若要改喂人工饵料或其他饵料，放养后数天，不必投饵，让其有一个适应过程，因黄鳝对饲料的选择性很强，一经长期摄食某种饲料后，很难改变其食性。所以，如果计划用配合饲料或其他饵料喂养，在饲养初期就必须做好驯养工作，投喂来源广、价格低廉、增肉率高的混合饲料。驯养初期可喂蚯蚓（动物性的饵料都行）并混合其他饲料，逐步增加配合饲料，直至习惯摄食后，完全改用配合饲料或其他饲料。目前，养殖效果比较好的是用部分动物鲜活肉加入一定比例的配合饵料，成本低，生长快。

（四）苗种饲养管理

黄鳝苗种的饲养管理与成鳝一样，但更要仔细，总结经验主要是做好"四消毒"、"四定"、"五防"等工作。

1. 健康做到"四消毒" 健康的苗种是养殖的基础，要保证苗种健康首先要做到并做好"四消毒"。

（1）养殖环境的清整消毒 有放养前的清整消毒和养殖环境的定期消毒。

放养前的清整消毒：插入网箱的水体环境，如湖泊、水库的汊湾、稻田均要按要求进行尽可能的清理整修，然后用生石灰彻底消毒，方法同前五（一）。网箱在放养前 15 天，每立方米水体用 20 克高锰酸钾化水浸泡 15～20 分钟。

养殖环境的定期消毒：在养殖过程中有黄鳝的自身排泄污染，还有外界的多方污染，使水环境不断出现水质恶化，因此要定期消毒。每月用生石灰化水泼洒一次，每立方米水体用 30～40 克。在养殖过程中的发病季节，还要用相应的药物定期化水泼洒消毒。详见后面的病虫害防治部分。

（2）鳝体消毒　黄鳝的苗、种、亲鳝只要放入另一水体，就要消毒。一般用 1‰～3‰ 食盐水浸泡 10～15 分钟；或用高锰酸钾每立方米水体 10～20 克浸泡 5～10 分钟；或用聚维铜碘（含有效碘 1‰），每立方米水用 20～30 克，浸泡 10～20 分钟；或用四烷基季铵盐络合碘（季铵盐含量 50‰），每立方米水体用 0.1～0.2 克，浸泡 30～60 分钟。并严格检查，发现有病虫害的坚决剔除。

（3）饵料消毒　投喂的活饵料及肉食性饵料，如蝇蛆、鱼肉和动物的内脏、畜禽的下脚料等，一定要用 3‰～5‰ 的食盐水浸泡 20～30 分钟；或用高锰酸钾每立方米水体 20 克浸洗活饵，再用清水漂洗。彻底消毒，杀死病原体。

（4）工具消毒　养鳝中所用的工具要定期消毒，每周 2～3 次。用食盐 5‰ 浸洗 30 分钟；或用漂白粉 5‰ 浸洗 20 分钟。发病池的用具要单独使用，或经严格消毒后使用。

2. 投饲坚持"四定"

（1）定质　指黄鳝的饲料要有一定的质量保证，分三个方面：一方面是指黄鳝以动物饲料为主，植物饲料为辅，饲料必须新鲜、无污染，切忌投喂腐臭变质食物；投喂的配合饲料，也切忌变质发霉。另一方面是指饲料的营养蛋白质及各种维生素一定要有数量和质量的保证。投喂一些来源广、价格低、增肉率高的混合饲料。并要求动植物饲料合理搭配，使饲料的蛋白质含量达

38%～46%。还有一方面是指饲料配方的安全限量必须符合国家的有关规定，不准添加的有关生长激素，如己烯雌酚、甲基睾丸酮等，绝对不能添加。质量标准按《无公害食品　渔用配合饲料安全限量》（NY 5072—2002）规定执行（附录四）。

（2）定量　指饲料投喂量的确定。黄鳝的摄食量在水温 28℃以下时是随着水温升高而逐渐增加，因此在水温 20℃以下、28℃以上时，配合饲料日投饲量（干重）为黄鳝体重的 1%～2%，鲜活饵料的日投饲量为鳝体重的 2%～4%；水温 20～24℃时，配合饲料日投饲量（干重）为黄鳝体重的 2%～4%，鲜活饵料的日投饲量为鳝体重的 4%～8%；水温 25～28℃摄食旺盛，配合饲料日投饲量（干重）为黄鳝体重的 4%～6%，鲜活饵料的日投饲量为鳝体重的 6%～12%。投饲量的多少应根据季节、天气、水质和鳝的摄食强度进行加减调整，所投的饲料以控制在 2小时内吃完为宜。

（3）定时　指黄鳝习惯于夜间觅食，故放养初期投饲应在傍晚的 7～8 时进行，待其逐渐适应后，温度也渐渐升高，在早上 9 时左右增加投饲一次。即在生长旺季每天上午和傍晚各投一次。

（4）定位　指鳝池中应有固定食台，食台用木框或小塑料菜筐或小篾笊箕，长 60 厘米、宽 30 厘米，底部铺垫一层聚乙烯网布做成；食台固定在池塘边或网箱长的一边一定位置上，饲料投于其上。若没有固定食台，则选择固定投饲的位置。食台宜设置在阴凉暗处，最好靠近进水口。

3. 管理做好"五防"

（1）防水质恶化　养鳝池要求水质"肥、活、嫩、爽"，水中溶解氧不得低于 3 毫克/升，最好在 5 毫克/升左右。鳝池的水比较浅，一般有土的只保持在 30 厘米左右，无土的水位在 80 厘米左右。饲料的蛋白质含量高，水质容易败坏变质，不利于鳝摄食生长。当水质严重恶化时，鳝前半身直立水中，口露出水面呼吸空气，俗称"打桩"。发现这种情况，必须及时加注新水解救。为了防止水质恶化，一般每天注入部分新鲜水，水泥池每天要注入 1/2～1/3 的水量；5～7 天要彻底换水一次。夏季高温时，要每天捞掉残饵，并增加注水次数和注水量，3～4 天就换水。水位要比春秋季高，有土水位保持在 30～40 厘米；无土水位保持在 80～100 厘米。水质管理是黄鳝养殖的一项关键技术。一定要保持良好的水质，达到养鳝的无公害养殖标准用水水质。

（2）防温度过高或过低　在炎热的酷暑季节，应注意遮阴、降温，其方法是在池中种植一些遮阴水生植物如水葫芦或水浮莲，或在池边搭棚种藤蔓植物，并经常加注新水，以降低水温。冬季鳝种越冬时，要注意防寒、保暖。当水温下降到 10℃ 以下，应将池水排干，但又要保持一定水分，并在上面覆盖少量稻草或草包，使土温保持 0℃ 以上；若是无土过冬则要把黄鳝用网箱放到深水（1 米左右），上面再加盖水花生 30～40 厘米，以免鳝体冻伤或死亡，确保安全过冬。在北方下大雪结冰时，黄鳝种过冬可集中起来，搭个塑料薄膜大棚，不结冰就行。另外，注意在换水时水温差应控制 3℃ 以内，否则黄鳝会因温度骤降而死亡。

（3）防黄鳝逃跑　黄鳝善逃，逃跑的主要途径有：一是连续下雨，池水上涨，随溢水外逃；二是排水孔拦鱼设备损坏，从中潜逃；三是从池壁、池底裂缝中逃遁。因此，要经常检查水位、池底裂缝及排水孔的拦鱼设备，及时修好池壁。网箱养鳝时箱衣要露出水面 40 厘米，冬季至少 20 厘米。箱衣露出太少黄鳝可顺着箱沿逃跑。另外，网箱养鳝在箱水平面最易被老鼠咬洞，只要有洞，黄鳝就会接二连三地逃跑，因此，需不断检查，及时补好洞口，并想办法消灭老鼠。堵塞黄鳝逃跑的途径。

（4）防病治病　黄鳝在天然水域中较少生病，随着人工饲养，密度加大，病害增多，常见的有饲养早期，鳝种因捕捉运输，体表受伤而感染生病；外购、外捕的野生鳝种，体内大都有寄生虫并伴发肠炎，因此，在鳝种放养时，一定要用盐水、药液浸泡消毒，药饵驱虫消炎及药液遍洒水体消毒等。黄鳝在水中生活，发病初期不易觉察，等到能看清生病的鳝时，其病情已经比较严重了，因此对黄鳝的病害要主动采取措施，以防为主；无病先预防，有病赶紧治。

（5）防止其他动物危害　对黄鳝危害较大的是老鼠，网箱养殖时老鼠经常咬箱咬鳝，咬伤鳝体，鳝易感染生病，咬破网箱，鳝易逃跑。冬季池塘或网箱中的冬眠鳝，鳝体不活跃，老鼠咬了大鳝尚可救治，咬了小鳝种几乎没有活命的可能。此时，应特别注意防止老鼠为害。另外，养鳝池池水较浅，蛇、鸟和牲畜、家禽容易猎食，应采取相应措施予以预防。

六、黄鳝饲养方式和技术

（一）鳝种的引进与放养

1. 鳝种的引进　目前，人工生产的苗种只有少部分，大部分还是野生（即自然环境中）的鳝种。无论是哪种渠道引进的鳝种，都要把好筛选和驯化关，具体操作见前五（三）部分。一定要按照规范的技术操作，苗种筛选好、驯化好，才可能顺利地进行养殖，否则会导致养殖失败。

2. 放养密度及生长效果　放养密度要根据养殖方式、鳝种规格、饵料的供给情况、水环境及是否有微流水条件而定，当然还要考虑一个重要因素即养殖者的技术水平。放养密度太小，不能充分利用资源；放养密度大而养殖条件跟不上，则大鳝吃小鳝，成活率不高，甚至导致病害发生而全部死亡。因此，要根据多方面的具体条件而定。一般情况，规格大小在每千克30～40尾,流水养每平方米放养2～3千克；静水养每平方米放养1～2千克。4月中旬到6月底以前放养，11月收捕，成活率在80%以上。可长到每千克14～16尾，大的可长到每千克10尾。如果放养规格大一些，每千克在20～25尾，每平方米流水放养3～4

千克；静水放养 2～3 千克。到年底成活率达 90％，可长到每千克 8～10 尾，大的可长到每千克 6 尾。

（二）饲养方式和技术

1. 水泥池有土养鳝技术　人工修建的池可几口池养，也可连成一片池达一定规模养。利用在池中栽种少量的浅植莲藕或茭白或芋头或稻或稗或慈姑等水生植物形成生态养鳝池。此法不需经常换水而水质始终保持良好状态，池水中的营养物质可以随时与土壤进行交换，池中生长的植物既可吸收水中营养物质，防止水质过肥，又可放出新鲜氧气，茎叶在炎热的夏季还可为鳝遮阴降温，从而为黄鳝生长创造一个良好的生态环境，提高了单位面积产量和经济效益。经不少养殖户实践证明，这种生态养鳝投资少，见效快，方法简单，且黄鳝生病少成活率高，安全可靠，效益显著。

（1）水泥池及泥土放水消毒　新修的水泥池要放满水浸泡 10 天左右，"脱碱"后放掉水，再加入新水。池底铺上 30～40 厘米含有机质较多的土壤。土壤的软硬适中，使黄鳝能打洞又不会闭塞。用过的池要彻底消毒，方法见前面饲养管理部分的"四消毒"。消毒时要把药物用锹搅动到池泥的深层，所有泥土都拌到药物，方能消毒彻底。消毒时水深 30 厘米。待药效过后，选择 1～2 种水生挺水植物栽种，保持水深 30 厘米左右。

（2）投放鳝种　鳝种必须体质健壮、无病无伤。投放鳝种前 7～10 天，新池子要在泥土里拌上生石灰，每立方米水带泥土拌上 200～250 克消毒。用过的旧水泥池及泥土同样要清池消毒，投放密度要适宜，过多会导致发病甚至死亡，过少产量低，效益不显著。放养密度参照前面六（一）部分进行。最好在春季初收购鳝种时投放，在冬季或春节前后上市，经济效益更佳，为防止黄鳝互相残杀和便于管理，要按鳝种大小分级、分池投放。

（3）饲养管理　生态养鳝虽不需经常换水，但春秋季应每隔 7～10 天换一次，夏季高温 4～5 天换一次，每次换水量为 1/3，以利水质肥而不腐，活而不淡。要经常检查进排水口和溢水口的防逃网是否牢固，如有损坏必须及时维修。当冬季水温降到10℃以下时，黄鳝入泥冬眠，应及时排干池水，温度较低的地方还要在池泥上盖一层稻草，使鳝安全越冬。

2. 水泥池无土流水养鳝技术 与静水有土饲养法比较，具有操作简便，生长较快，成本低，产量较高，起捕方便等优点，但是所需条件一定要有不断的流水，否则极易水质变坏而生病死亡。

（1）水泥池消毒放水 一定要选择有长年流水的地方建池，如有自然微流水或有水位落差的水流更好。建池方法参见四（一）部分。把水泥池放水，用药物消毒，具体方法见前面饲养管理部分的"四消毒"。消毒时水深120厘米左右。待药性过后，选择水花生或水葫芦放入水面，放养面积占水面的60%～70%；此时放掉一部分水，保持水深80～100厘米。

（2）放养 饲养池消毒放好水，检查好排水管口的防逃设施，保持各小池有微流水，可将鳝种直接放入，放养密度参照前面的六（一）部分进行。

（3）投饲管理 这种饲养方法，由于水质清新，饲料一定要充足。投饲时将饲料堆放在进水口处的饵料台上或直接投到水草上面（最好投到饵料台上）。黄鳝就会戏水争食。其投饲管理除参照后面的黄鳝的饲养管理外，还要加强巡视，注意保证水流的畅通又要流速不大。如果不好控制流速，每天定时注入部分水，注入的新水量占水体总量的1/3～1/2。

由于水泥池饲养，无论是有土生态饲养还是无土流水饲养，水质始终清新，黄鳝吃食旺盛，不易生病，不仅单位放养量较高，而且生长快，饲料效率高，产量高，起捕操作等也很方便。因此，虽然建池时投资略高，但经济效益好。

如果有温流水更好，如水电厂发电后排出的冷却水，水温较高的溪水、地下水，大工厂排放的机器冷却水等，可通过调节控制水温（要求保持在22～26℃）避开冬眠期（11月至翌年的4月左右，共6个月的时间），使黄鳝一直处在适温条件下生长，连续生长12～13个月就可达到每千克10尾左右的商品鳝。有温流水的饲养池建在室内；或者建在室外大棚，冬盖塑料薄膜，夏盖遮阳网。

3. 网箱有土养鳝技术　在闲置的小坑塘中饲养黄鳝，鳝打洞逃跑，不易防止，而水泥池一次性投资较高，因此，有许多农民用网箱养黄鳝。其土建成本由水泥池每平方米16元左右，降到了每平方米8元左右，而网箱养鳝每平方米产黄鳝8千克左右。

（1）网箱设置　坑塘深100～120厘米；水不宜太深，50～60厘米左右即可；网箱大小随池子大小而定。网箱用聚乙烯无结节网片，网孔尺寸为0.8～1.18毫米（36网目左右），网箱的上下纲绳直径0.6厘米。网直铺在塘底及贴在塘四周，在网上垫20～30厘米厚的泥土，土上种慈姑等水生植物，网中放养鳝。

（2）鳝种的放养及管理　鳝种经消毒后下塘，其放养密度参照前面六（一）部分进行。同时，池内放养泥鳅每平方米3～4尾，避免黄鳝的发烧病发生。在黄鳝生长期，水深一般保持在10～15厘米左右即可；冬季防冻害，加深水位至50～60厘米，若是低洼的坑塘，最好网还高出池埂，用桩撑住，网高出池埂多少随夏季洪水季节最高水位而定。

4. 网箱无土生态养鳝技术　网箱无土生态养鳝与其他饲养方式相比，具有设备投资少，劳动强度小，易管理操作，起捕灵活方便，而且黄鳝生长快，成本低，产量高等特点。国内许多农民通过几年的试养，一般产量为每平方米6～8千克；若管理好，苗种好，可达10千克。

（1）网箱的设置　网箱选用聚乙烯无结节网片，网孔尺寸为0.8～1.18毫米（网目36目左右），网箱的上下纲绳直径0.6厘米；纲绳要结实，底部装有用稀网裹的适量石头做的沉子。将网片拼接成长方形网箱，规格长 4～7 米、宽 2～5 米、高 1.5～2 米，一般以 4 米×2.5 米×1.8 或 5 米×3 米×2 米的见多，面积在 10～20 米²。网箱放置在荫避的地方，网箱的四角用竹篙或木桩固定，网箱沉水 50～80 厘米。箱中投放水浮莲或水花生，投放量为网箱面积的 70%～80%。放水浮莲或水花生的作用是让黄鳝栖息在其下部分和根系，同时其茎叶还可避荫纳凉，净化水质。

（2）鳝种放养及管理 鳝种放养密度参照前面的六（一）部分进行。另搭配 3%～5% 的泥鳅。投饲与管理除参照后面黄鳝的饲养管理外，还应加强网箱的水质管理，箱内和箱外的水体要保证畅通，经常检查网箱有无破洞，若有赶紧补上，以防逃鳝。

5. 网箱流水养鳝技术 由于黄鳝对水质要求较高，一般饲养方式，放养密度较低，因而直接制约了其养殖产量与效益提高；利用网箱流水养鳝，增加放养密度，成活率 80%～90%。每平方米产量 8～10 千克，养得好可达 12～15 千克，有很高的经济效益。

（1）网箱及设置水体 网箱用聚乙烯无结节网片，网孔尺寸为 0.8～1.18 毫米（网目 36 目左右），网箱的上下纲绳直径 0.6 厘米；纲绳要结实，底部装有沉子。用稀网裹适量的石头做沉子。网箱将网片拼接成长方形网箱，规格长 4～7 米、宽 2～5 米、高 2 米左右。一般以 4 米×2.5 米×2 米或 5 米×3 米×2 米的见多，面积在 10～20 米²。网箱放置在荫避的地方，网箱的四角用竹篙或木桩固定上下面的四角。网衣沉入水中 80～100 厘米。网箱置于有流水的河沟、湖泊或者水库，流速不要太大，但也要求水源充足，要在黄鳝生长阶段保证流水不断。

箱内放水葫芦或水花生，所放数量以覆盖箱内水面的大部分为宜。在整个生长季节，若放养的植物生长增多，要及时捞出。始终控制水草占有 2/3 水面。

（2）放养及饲养管理 网箱流水养鳝，放养密度参照前面的六（一）部分进行，另搭配 3％～5％的泥鳅。箱内搭配饵料台，用高 10 厘米、边长 30 厘米的塑料筐或篾制筲箕；底部用聚乙烯网布铺一层，防止饵料流失。在日常管理中每天清理饵料台，检查黄鳝吃食情况；并察看网箱是否有漏洞，若有漏洞及时补上。经常刷洗网箱和清除箱底的污物。由于网箱置于河沟、湖泊或者水库中，在下大暴雨和连续阴雨天时，要注意水位的变化，网箱要随着水位的涨落而升降；有大洪水的水体还要想办法把网箱转移到安全的位置，待洪水过后再移回来。

6. 稻田养鳝技术　利用稻田养殖黄鳝，具有成本低，管理容易等特点，既增产稻谷，又增产黄鳝，是农民致富的措施之一。一般稻田养鳝每平方米产黄鳝 0.5～1.5 千克不等；可促使稻谷增产 0.6％～2.5％。现介绍方法如下：

（1）稻田的整理　只要不干涸、不泛滥的田块均可利用，面积在不超过 1 000 米^2（1.5 亩左右）为宜。水深保持 10 厘米左右即可。稻田周围用高 70 厘米、宽 40 厘米水泥板（或木板或石棉瓦等）衔接围砌，水泥板与地面呈 90°角。下部插入泥土中 20 厘米左右。如不用板插，可用田土堆高夯实田埂，平水面的埂坡上面铺盖一层塑料薄膜。如果是粗放、粗养，只需加高、加宽田埂并夯实，注意防逃即可。稻田沿田埂开一条围沟，田中要挖"井"形鱼溜。一般宽 30 厘米，深 30 厘米。在田中央或者在田进水口处挖一个 4 米^2 左右的鱼溜，深 50 厘米。所有鱼沟与溜必须相通。开沟挖溜在插秧前后均可。如在插秧后，可把秧苗移栽到鱼沟边、溜边。进排水口要安好坚固的拦鱼设备，以防逃逸。

（2）放养和管理　放养鳝种，50 克左右的每平方米放 5～10尾（0.2～0.5 千克），25 克左右的每平方米放养 10～20 尾（0.2～0.5 千克），插秧后禾苗转青时，放养鳝种。稻田养鳝管理要结合水稻生长的管理。采取"前期水田为主，多次晒田，后期干干湿湿灌溉法"。即前期生长稻田水深保持 10 厘米，开始晒田时，鳝鱼引入沟溜中；晒完田后，灌水并保持水深10厘米至水稻拔节孕穗之前，露田（轻微晒田）一次。从拔节孕穗期开始至乳熟期，保持水深6厘米，往后灌水和露田交替进行到10月份。露田期间围沟和沟溜中水深约15厘米。养殖期间，要经常检查进出水口，严防水口堵塞和黄鳝逃逸。

（3）投饵及培养活饵 稻田养鳝的投饵，与其他养殖方式有所不同。所投喂的饵料种类与一般养殖方式相同，投喂的方法不同，要求投到围沟敞口或靠近进水口处的溜中。稻田还可就地收集和培养活饵料：①诱捕昆虫：用30~40瓦黑光灯，或日光灯引昆虫喂鱼。灯管两侧装配有宽0.2米玻璃各1块，一端距水面2厘米，另一端仰空45°角，虫蛾扑向黑光灯时，碰撞在玻璃上触昏后落水。②沤肥育蛆：用塑料大盆2~3个，盛装人粪、熟猪血等，置于稻田中，会有苍蝇产卵，蛆长大后会爬出落入水中。③水蚯蚓培养：在野外沟凼内采集种源，在进出水口挖浅水凼，田底要有腐殖泥，保持水深几厘米，定期撒布经发酵过的有机肥，水蚯蚓会大量繁殖。④陆生蚯蚓培养：在田埂地角用有机肥料、木屑、炉渣与肥土拌匀，压紧成35厘米高的土堆，然后放良种蚯蚓大平二号或本地蚯蚓 1 000 条/米^2。蚯蚓培养起来后，把它们推向四周，再在空白地上堆放新料，蚯蚓凭它敏感的嗅觉会爬到新饲料堆中去。如此反复进行，保持温度15~30℃，湿度30%~40%就能获得蚯蚓喂鱼。活饵的培育技术详见第三章。

（4）施肥 基肥于平田前施入，按稻田常用量施入农家肥；禾苗返青后至中耕前追施尿素和钾肥一次，每平方米田块用量为尿素3克，钾肥7克。抽穗开花前追施人畜粪一次，每平方米用量为猪粪1千克，人粪0.5千克。为避免禾苗疯长和烧苗，人畜粪的有形成分主要施于围沟靠田埂边及溜沟中，并使之与沟底淤泥混合。

7. 庭院式黄鳝养殖技术 养鳝池在院内家宅旁，面积大小不等，因地制宜地选择避风向阳、水源充足的地方，用水泥砌池，方、圆均可，池深 1.0～1.2 米，有进、出水口，池埂坚固，埂顶用砖或石块砌成 T 形，若池深达 1.5 米以上，顶部不用砌 T 形。加入底泥 30 厘米左右，水深 20～30 厘米。

若选择土池子，池深在 1 米以上；在池底和池壁用油毡或塑料布铺垫，缝隙处粘牢，防止黄鳝外逃。再铺上 30 厘米厚泥土，注入 20 厘米深水。养鳝池要有进出水口，最好在出水口上装一个 50 厘米左右长的管子作溢水口，口子上均用适宜网做防逃设施。

鳝种放养密度参照前面的六（一）部分进行，另搭配泥鳅 3%～5%。

水质要求清新，农村一般是在院内打井，抽地下水注入池内，这种水的水质最好，冬暖夏凉。若是用自来水需曝气方可使用。夏季 1～2 天换水一次，春秋季 3～5 天换水一次，换水时温差不宜超过 3℃。由于庭院坑塘面积小，水体小，容易受气候变化的影响，要在塘边栽种蔓藤绿叶的瓜果；养至 11 月底至春节前后捕捞，捕大留小，大的销售，小的留塘，过冬注意防冻。

8. 流水鳝蚓合养技术　这种养殖方法由于水质一直良好，且有优良的活饵料蚯蚓供黄鳝摄食，因而黄鳝不易发病，生长快、产量高、经济效益好。一般每平方米池面积（包括养蚯蚓的面积）可产黄鳝 6～8 千克。

（1）建池　选择有常年流水的地方建池。砖砌水泥池，或用土池也行，但池四边要用塑料薄膜铺垫池埂；面积 30～100 米^2 均可。池壁高 80～100 厘米，在对角处设进水口和出水口，均装好防逃设备。

（2）堆土畦　在池中堆若干条宽 1.5 米、厚 35 厘米的土畦，畦与畦之间即养鳝的水沟，宽 1.5 米，四周与池壁保持 20～40 厘米的距离。水沟一律深 20～30 厘米。所堆的土一定要含丰富的有机质，以便于蚯蚓繁殖，黄鳝钻洞和藏身。

（3）培养蚯蚓　土堆好后，使池中水深保持 10 厘米左右，然后每平方米土放大平二号蚯蚓种 2～3 千克，并在畦面上铺 4～5 厘米厚的发酵过的牛粪，让蚯蚓繁殖，以后每 3～4 天将上层被蚯蚓吃过的牛粪刮去，每平方米加铺新的发酵过的牛粪 4～5千克。这样过 14 天左右，蚯蚓大量繁殖，即可放入鳝种。

（4）放养　放养密度要看鳝种规格而定，以整个池有效养殖水体即水沟的面积计算，每千克 30～40 尾的，每平方米放 2 千克；每千克 40～50 尾的，每平方米放 1.5 千克。养殖 6 个月，成活率 90% 左右，规格为每千克 8～10 尾。

（5）管理　鳝种放入后，池中水深保持 20～30 厘米，一直保持微流水。以后每 3～4 天将畦面旧牛粪刮去一层，然后每平方米加 4～5 千克发酵过的新牛粪，保证蚯蚓不断繁殖，供鳝鱼自己在土中取食，不再投饲别的饲料。由于此养殖方式经常要施粪肥，对水体有一定的污染，要经常消毒水体，每 10 天左右用生石灰化水泼洒一次，每次每立方米水用 20～30 克。

9. 浸秆养鳝技术　在养鳝池浸秆有两个优点：一是为鳝鱼提供较理想的栖息地，并可避免鳝鱼之间互相纠缠。二是为各种鱼类饵料生物提供自然繁殖的良好场所，解决黄鳝饲养中的部分动物性饲料。试养结果表明，浸秆养鳝成本低，饲养技术简单，效益高，一般以培养黄鳝的苗种为多。具体做法如下：

选择前面介绍的水泥池、坑塘作养鳝池（浸秆以底质为土质的更为有利），在池底铺上一层厚 15 厘米的肥泥，在肥泥上铺一层厚 10 厘米的禾秆或麦秆等秸秆，上覆盖几排筒瓦，便成为黄鳝栖息的鳝窝，然后蓄上 40 厘米深的水，1 周后，水中生出许多小虫，即可开始放养。培养鳝苗种，放养密度是鳝苗规格在3～5 厘米的每平方米放 800～1 000 尾；规格在 6～10 厘米的放300～600 尾。以后饲养参照黄鳝苗种饲养管理。放养 3 个月左右，即可作越冬鳝种。培养商品成鳝，放养密度是鳝种规格在每千克40～60尾的每平方米放1.5～2千克。此种养殖方法在养殖中要不断观察水中的饵料丰歉，发现饵料不多时，用发酵过的粪肥，在池塘角堆放（一般每个塘堆放两角，对角堆放）；或者直接加投饲料，由少到多，最后全部投喂饲料。

以上共介绍了9种养殖黄鳝的技术方法，各地在采用这些方法时，一定要根据当地的条件，因地制宜、灵活应用。

（三）黄鳝饲养管理中注意事项

黄鳝饲养管理中除了严格遵照前面苗种饲养"四消毒"、"四定"、"五防"管理措施外，还应严加注意以下事项：

1. 选好鳝种　鳝种必须选择体质健壮，无病无伤的。不能采用钓钩捕捉的幼鳝，因体内有损伤，极易死亡。鳝种规格或大一点或小一点都可以（有条件最好大一点的），但切忌大小混养，一定按大小分开养，不能有差异。

在大规模开展黄鳝养殖时，鳝种供应是个关键问题。应重点解决工厂化繁育鳝种的技术问题，或用专门的黄鳝亲鱼培育池和幼鳝培育池配套生产。若仅靠在外收购苗种，生产被动，还直接影响黄鳝的生长周期。

2. 养鳝池或网箱的水质管理　水质管理是黄鳝养殖的一项关键技术。一定要保持良好的水质。静水养殖视水质情况及时换水，注意换水的水温差不能超过3℃，否则黄鳝会因温度骤降而引起死亡。流水养殖也不能忽视水源的情况，水质一定要无污染、清新活爽。池水深平常有土饲养不低于20厘米；无土饲养不低于80厘米。高温季节（特别是在长江两岸的水域），有土饲养不低于40厘米；无土饲养不低于100厘米。

3. 养鳝池或网箱底质控制的管理　在养鳝过程中，有不少养鳝池经常患病，病害严重即要死鱼，不严重时，也影响生长，使生长缓慢。主要问题在池的底质上，这些鳝池底是直接取稻田或湖底的泥土铺成的；或者无土养殖，时间长了在水底沉积了厚厚的一层残渣余饵及排泄物。在养殖密度较高的情况下。这种底质既不便于鳝打洞穴居，又因其有机物丰富，细菌密度高，致使池水耗氧大，水质变坏而发病几率高。采取以下措施，能有较好的效果：

（1）作为底质的淤泥软硬要适度，稍带黏性。可用木棍在泥中戳洞试验，若洞孔不塌陷则可。底质泥以偏酸性或中性的为好，有机质含量丰富但也不宜过多。从河底或湖底捞取的淤泥摊开暴晒1周左右，然后用生石灰消毒，每立方米用200～250克生石灰，均匀搅拌在底泥中，待药性过后再进水放鳝。

（2）养过鳝鱼的池塘，要把淤泥摊开暴晒1周左右后放水30厘米；再用生石灰消毒，每平方米用200～250克，均匀搅拌在底泥中，待药性过后再进水泡2天，然后放鳝。

（3）若是养鳝的老池，底泥有机质太多，或底泥太深，应挖取老底泥逐渐用暴晒后的稻田、湖底泥替换。保证底泥的质量。

（4）无土养殖的水体，底层沉积太厚的残渣污物，要及时清除出去。网箱每月清洗一次，并清除箱底污物；池塘结合彻底换水时清除污物。特别是水泥池最好半月左右清除底部污物。

（5）设置网箱的水体，在有条件的情况下，尽可能每年用生石灰清污消毒一次，每立方米水体用200～250克。

4. 饵料和投饵技术

（1）黄鳝的饵料　黄鳝对饵料选择性较强，一经长期摄食某种饵料，就很难改变其食性，故在饲养初期，必须不断驯饲，投喂一些来源广、价格低、增肉率高的混合饵料，以保证黄鳝在全年的生长过程中饵料不脱节。因黄鳝是以肉食性为主的杂食性鱼类，所以还要求动植物饵料合理搭配，使饵料的蛋白质含量达到鳝体需要量。黄鳝最喜欢吃的是活饵料，可利用鳝池的生态环境培育出活饵料。例如，在田边地角堆养蚯蚓；用墙旯旮养蝇蛆；也可在池中直接养殖牛蛙、青蛙、蟾蜍繁殖出蝌蚪；也可在水中混养若干罗非鱼、鲫、泥鳅等的亲鱼，使其自行繁殖产生鱼苗；还可在池中养殖田螺、螺蛳、河蚬，使其自行繁殖，提供幼螺、幼蚬等活饵料。要能保证在全年生长期有足够的活饵供给，是不大可能的，要用一部分替代物补充。养殖者要充分了解您的周围有哪些可利用做活饵及作替代物的资源，因地制宜地根据本地区的情况安排不同季节的饵料供给，一般有以下黄鳝可食的饵料供养殖者选择和配给。

蚯蚓：是鳝最爱食用的鲜活饵料，鳝体重的增加，几乎60％以上是依赖于蚯蚓的营养。由于养鳝需求量大，光靠人工搜集远远不能满足需要，可以利用池边空地进行人工培育。用牛、猪、鸡等畜禽的粪便养蚯蚓，牛粪可不发酵，猪、鸡等家禽的粪便要发酵。每10千克左右粪作基料可长500克蚯蚓，用蚯蚓喂黄鳝3～5千克可长1千克鳝肉。人工养殖蚯蚓全年均可取用，只是在5月和9月这两个繁殖高峰期，注意留种。

小野杂鱼或者低价位的鱼：在湖汊、河沟、塘堰每天不断捞捕小野杂鱼，偶尔有不方便时可购买；或者利用小坑塘用粪肥水养殖廉价的鲢鱼种和成鱼，可有计划地配给。用小野杂鱼喂黄鳝每6～10千克长1千克鳝肉。目前，广大养殖户养鳝用得最多最广的就是这类野杂鱼和低质鱼。安排得当全年都可用。

虾、螺蛳、河蚌：在小溪、沟渠、湖汊中捕捞虾、螺、蚌，用趟网或蚌耙捞取即可。捕得的小虾经剁碎后投喂；螺蚌类则去壳后取肉剁细或绞碎再投喂，有钉螺的湖区螺蚌要用盐水消毒才能投喂。用螺蚌喂黄鳝，带壳的需40千克左右（带水），去壳的需15～20千克（带水）才能长1千克鳝肉。这类饵料要看自然资源的丰歉，多则全年有，少则要根据具体情况配给其他饵料。

水蚤、水蚯蚓、轮虫：每天清晨，到小沟或有机质丰富的废水塘内，用稀布做成的捞网捞取。捞得后挑掉一些脏物，即可喂养鳝（喂鳝苗种特别好）。春夏季较多。也可自己培育，详见第三章。

蝇蛆：蝇蛆是一种高蛋白质的饵料，不仅可采集，也可自己培养。用猪、鸡等粪便堆肥，引来苍蝇繁殖即可育蝇蛆。夏秋季较多。

屠宰场畜禽的下脚料：把畜禽的下脚料如血液、心肺与其内脏收集来，冲洗一下后剁细或绞碎煮熟后喂鳝。若嫌每次煮熟比较麻烦，可用5％的盐水每次进行浸泡消毒也可以。

黄粉虫：黄粉虫是黄鳝特别是幼鳝的好饲料，易饲养，只需麦麸和青菜叶即可。一般养殖条件下大约1千克麦麸拌部分青菜，可生产0.5千克鲜黄粉虫。专用黄粉虫喂黄鳝只需2～3千克就可长1千克鳝肉。在长江以南一年四季都可生产并取得。人工培育技术详见第三章。

新鲜豆浆：豆浆中含有较多的蛋白质，故投喂新鲜豆浆，可以培育鳝苗（一般作开口食，喂养豆浆3天，最多不超过5天）及缓解鳝鱼种饵料的不足。成鳝一般不食豆浆。

蚕蛹：从缫丝厂购买来的蚕蛹，晒干后投到鳝池中，养鳝效果也好。也有将蚕蛹粉碎，配合其他饵料投喂的。

植物性饵料：次麦粉、豆饼、菜饼、细米糠、玉米粉以及大草、瓜果、老菜叶等。这些植物性饵料不配合其他动物性鲜活饵料，鳝一般不会吃。在没有动物性饵料时，被动摄食此类饵料后，体重无明显增加。但在鳝的配合饵料中，却又不能缺少它们。投喂的比例往往要占全部饵料的20％～40％。植物性饵料是黄鳝不可缺少的多种营养元素的补充饵料。另外，有许多养殖者利用大草等，沤肥培养浮游生物作为养鳝苗的开口饵料。

人工配合饵料：随着黄鳝养殖的发展，用人工配合饵料饲养黄鳝已开始，有不少饲料公司有黄鳝的配合饲料出售。每千克饲料从6元到9元价格不等，长1千克鳝肉需饲料从1.2千克到2.5千克不等。配方较好的配合饲料，黄鳝喜爱吃，生长又快，增肉也较多，是比较经济划算的。下面介绍两种黄鳝的配合饲料配方及营养成分，见表1-12和表1-13（浙江省）；表1-14和表1-15（湖北省）。

表 1-12 黄鳝的配合饲料配方（%）

（浙江省）

鱼粉	淀粉	酵母粉	谷元粉	豆粕	多维	多矿	添加剂	其他
60.0	22.0	4.0	2.0	4.0	1.2	1.0	1.0	4.8

表 1-13 黄鳝配合饲料主要营养指标（%）

（浙江省）

成分	含量	成分	含量
粗蛋白	46.30	赖氨酸	1.37
粗脂肪	5.36	蛋氨酸	1.04
粗纤维	0.87	组氨酸	0.91
粗灰分	0.87	精氨酸	3.21
钙	4.11	苯丙氨酸	1.29
磷	2.31	异亮氨酸	1.70
色氨酸	0.78	亮氨酸	2.39
缬氨酸	2.16	苏氨酸	1.65

注：表 1-12 和表 1-13 饲料的饵料系数为 1.27 左右。

表 1-14 黄鳝的配合饲料配方（%）

（湖北省）

白鱼粉	豆饼	玉米粉	酵母	α-淀粉	无机盐	维生素	其他
50	10	4	6	25	1	1	3

表 1-15 黄鳝配合饲料主要营养指标（%）

（湖北省）

粗蛋白	粗脂肪	粗纤维	粗灰分	钙	总磷	赖氨酸	食盐
40.0	3.0	3.0	18	2.0～4.0	1.2	2.2	0.5～1.5

注：表 1-14 和表 1-15 饲料的饵料系数为 1.29 左右。

有的养殖者购原粉料自己做配合饲料投喂黄鳝，根据这些养殖者养鳝的经验总结，用 60％左右的小鲜鱼（蚌肉、螺蛳肉也行）剁细，或用蚯蚓更好，拌 40％左右的预粉料投喂。预粉料为一定比例的次麦粉、豆饼粉及玉米粉等。如果预粉料用到 40％以上，还要加入一定比例的动物蛋白粉如鱼粉、蚕蛹粉等。鳝喜爱吃，食后效果不错。既营养全面又经济合算。

养鳝的饲料配给选择，贯穿着整个生产过程，所占生产成本的比例最大，饲料既要保证全价的营养，又要可口适宜，还要价廉物美，原料源源不断。因此饲料配给选择是个综合性的协调选择，若选择配给不好，成本就上去，经济效益就下来；选择的合理，配给的科学，成本就降下来，而经济效益就上去了。所以我们不得不重视这个问题。

（2）黄鳝摄食不同饲料后其肌肉营养成分的比较　湖北省的陈芳等（2001 年），研究黄鳝摄食不同饲料后其肌肉一般营养成分及氨基酸的含量，试验情况是：对野生的黄鳝和分别投喂配合饲料、蚯蚓、白鲢肉的黄鳝的肌肉营养成分进行了一般营养成分和氨基酸的测试，结果见表 1-16 和表 1-17。

表 1-16　摄取不同食物黄鳝及野生黄鳝的肌肉营养成分（％）

成　分	野生黄鳝	摄食配合饲料的黄鳝	摄食蚯蚓的黄鳝	摄食白鲢的黄鳝
水　分	76.03	75.70	76.70	75.77
粗蛋白	18.77	18.87	19.18	18.45
粗脂肪	2.50	3.78	2.78	4.12
灰　分	1.12	0.98	1.10	1.08
无氮浸出物	0.78	0.67	0.67	0.58

从表 1-16 可以看出，营养成分中，差别较大的主要为粗脂肪的含量，以野生黄鳝的粗脂肪含量最低，而摄食白鲢肉的黄鳝粗脂肪含量最高，摄食配合饲料和蚯蚓的介于二者之间；粗蛋白含量也有差别，以摄食蚯蚓的黄鳝含量最高，而以摄食白鲢肉的

黄鳝含量最低，但差别不大。

表 1-17　摄食不同食物黄鳝及野生黄鳝肌肉

氨基酸组成（克/100 克干物质）

氨基酸	野生黄鳝	摄食配合饲料的黄鳝	摄食蚯蚓的黄鳝	摄食白鲢的黄鳝
异亮氨酸	3.58	3.53	3.61	3.63
亮氨酸	7.43	7.38	7.42	7.25
赖氨酸	6.95	7.12	6.93	6.87
蛋氨酸	2.51	2.48	2.60	2.48
胱氨酸	0.57	0.61	0.63	0.60
苯丙氨酸	3.76	3.92	4.01	3.71
酪氨酸	2.85	2.67	2.92	2.67
苏氨酸	4.15	3.92	4.07	4.10
缬氨酸	3.50	3.63	3.72	3.61
组氨酸	2.09	2.12	2.13	2.07
精氨酸	5.87	5.73	5.83	5.62
丙氨酸	5.74	5.92	6.05	5.81
天冬氨酸	8.53	8.47	8.76	8.62
谷氨酸	14.32	13.85	14.46	14.27
甘氨酸	6.41	6.53	6.73	6.60
脯氨酸	3.45	3.42	3.51	3.47
丝氨酸	2.80	2.93	3.02	2.95
氨基酸总量	85.41	84.13	86.40	85.33
必需氨基酸总量	35.30	35.16	35.97	34.87

（3）投饵技术　黄鳝不同生长阶段需要的饵料有所不同，人工养殖时根据其生长特点进行合理安排。鳝苗的适宜开口饵料有水蚯蚓、大型轮虫、枝角类、桡足类、摇蚊幼虫和人工配作的微囊饵料。经过 10～15 天的培育，当鳝苗长至 5 厘米以上时可开

始驯饲配合饲料。驯饲时，将粉状饲料加蚯蚓浆或鲜鱼肉浆或蚌螺肉浆揉成团定点投放池边，经1～2天，鳝苗会自行摄食团状饲料。15厘米以上的鳝苗驯饲则需在鲜鱼浆或蚯蚓浆或蚌肉中加入10％配合饲料，并逐渐增加配合饲料的比例，经5～7天驯饲才能达到较好的效果。鳝种的饲料在前期还可食用一些大型的轮虫、枝角类、丝蚯蚓等，到后期基本上与大鳝一样，按照成鳝的饲料科学合理配给。

根据黄鳝的摄食特点，每日投饵次数与投饵量全年有所不同，以投喂蚯蚓配预粉料为例：11月和翌年4月每日投饵1次，5～10月每日投饵2次；投饵量11月和翌年4月为体重的2％左右，5、10月为4％左右，6、7、8三个月摄食量最大，可投喂5％～6％，吃得好的可投喂到8％。若是投喂蚌、螺肉或小鱼肉，每日的投饵量要适当增加。在水中溶氧高，水温适宜时可摄食10％。有试验表明，黄鳝在8月的摄食强度可达14.3％。

（4）无公害食品鳝的饲料添加剂　我国目前正在开展无公害食品生产，并且相继设立无公害食品的各级检测部门，有很多大城市的市场已经设有检测站，不符合无公害食品标准的食品，一律不准上市。如肉类、水产品及水果蔬菜等都有相关的检测标准条例和方法，这就是说我们在养殖生产过程中一定要按无公害食品的规范技术操作，否则就是超标的污染食品。饲料的质量标准目前是按《无公害食品　渔用配合饲料安全限量》（NY 5072—2002）标准执行，详见附录四。黄鳝迄今为止被检测出超标的主要是饲料中添加激素、药物的问题。

配合饲料中添加促生长的激素：近几年由于黄鳝的养殖发展，带动了黄鳝饲料的兴旺，全国有不少生产厂家都有黄鳝的配合饲料出售，在市场上相互竞争。其饲料配方及营养成分各有特色。这些厂家为了提高饲料的效率，在饲料配方中，往往要添加促生长的激素。黄鳝食用这些饲料后，生长速度是加快了，但是所摄食的饲料中生长激素的不断积累，最终造成食品黄鳝的肌肉中所含的激素超过检测标准，人们食用了这种鳝，也会受激素的影响。因此，农业部颁发文件，明确规定禁止使用的药品和限制使用的药品，其中就有饲料中添加的生长激素。但是，有不少饲料厂家仍然沿用以前的饲料配方，出售含有激素的饲料。养殖户在购买配合饲料时要问清楚，饲料是否含有生长激素。

饲料中添加促性转化的激素：如果说饲料中添加生长激素是生产厂家的商业行为，那么在饲料中添加促性转化的激素，就纯属个人行为了。黄鳝在转化为雄鳝后生长速度快 30％左右，为此吸引不少养殖者在幼鳝饲养过程中加甲基睾丸素，甚至加己烯雌酚，特别是有的养鳝者想加速雄化过程，不惜加大性激素的用量，导致食品黄鳝性激素的累积残留量超标，直接影响黄鳝的产品质量，以至于在上市时被检测超标而不准上市。因此，广大养鳝者一定要按规定操作，不要使用禁用的激素。

饲料中添加药物：黄鳝在规模养殖中经常发病，而发病后又不好治愈。为了预防病害，常在饲料中添加防病的药物，特别是一些抗生素药，这样就造成黄鳝长时期低剂量的摄入这些药物，慢慢地黄鳝对这些药物产生了抗药性，并在体内有一定的药物残留量，常常检测超标。因此，我们选择常用药物时一定要谨慎，按照《无公害食品　渔用药物使用准则》（NY 5071—2002）标准执行，详见附录五。

目前，凡是检测出有超标的污染产品，在口岸是就地销毁；在国内严重超标的全部没收，并处以罚款，轻者不让进入市场销售。而且随着以后市场质量的规范化，养殖生产的规范化，有污染的水产品在生产过程中可能就被处理了。在我们以往的传统养殖中，自然资源丰富，环境清新，化学药物用得少，养出的鳝均没有污染。但是随着生产水平的提高，集约化养殖，为加速鳝的生长，控制疾病的发生，养殖者用了这样那样的化学药物，购买有生长激素的饲料，或者用了被污染的原料等，都可导致食品鳝受到污染。现在全国上下都在提倡并推行无公害食品的生产，因此，我们不要有侥幸心理，一定要严格遵守质量标准的操作规范，按无公害食品鳝技术标准进行操作，让我们的黄鳝养殖能健康持续发展。

饲料的检测：那么，广大养鳝者在选购黄鳝饲料时，怎样才能鉴别出是否含有禁用激素？饲料外观是无法辨别出来的，询问饲料公司或生产厂家，一般不会实话相告。唯一的办法就是把饲料送到专业的检测部门进行检测。虽然说要交一定的检测费，但是所用的饲料就是放心的安全饲料，可以长久使用这种饲料。另外，也可以联合当地其他养黄鳝的朋友，比如一个村的，一个乡的，或周边附近的，大家共做一次检测，费用就不多了。而且共用一个公司或生产厂家的饲料，大家有什么问题找商家，比较容易得到解决；并在日后的饲料购运中也要方便得多。

七、黄鳝的囤养技术

黄鳝的囤养分一般囤养和冬季囤养。一般囤养是指养殖户在不断的收捕中或在 11 月下旬黄鳝停食后，此时价格不高，将黄鳝囤养到春节前后再上市，则此时市场好，既可做季节差价，还可做地区差价，尽可能卖个好价钱。所以，黄鳝的一般囤养是一条生财之道，当前我国有不少养殖者都是采用这种囤养方式。冬季囤养是黄鳝的亲鳝、幼鳝越冬的技术，是高密度、长时间的蓄养过程。黄鳝的一般囤养方式和技术可参照前面的六，（二）部分中的水泥池、网箱和坑塘养殖技术进行。冬季囤养与一般囤养不同，因此现将冬季囤养技术介绍如下。

（一）黄鳝的冬季生活习性

黄鳝是喜静、喜暗、喜温暖的变温动物，在冬季对水温变化特别敏感。水温下降到 15℃时，摄食明显减少，水温低于 10℃，有部分摄食；水温在 4℃时则停止摄食，而穴居于 20～40 厘米深的泥土中冬眠。在此期间，黄鳝呼吸微弱，在干燥环境中，常靠口腔和喉腔进行辅助呼吸，耐低氧能力很强。黄鳝的主要活动规律是冬眠春出，但在冬季的太阳出来温度较高时，有的黄鳝会出来晒太阳，晚上再缩回洞穴。在自然水体中喜栖于腐殖质多的水底泥窟中，多在稻田、塘堰、沟渠等静水体的埂边钻洞穴居。

（二）冬季囤养鳝的来源及选择

囤养鳝的来源有以下三种：

1. 市场采购　11月左右，黄鳝的市场行情一般不是很好，此时采购商品黄鳝运作可以降低成本。购买时，要选择体质健壮、没有受伤的黄鳝。大小分开，大鳝体质差的出售，体质强的作亲本留养；小鳝作鳝种留养。

2. 野外捕捉　一般在9～10月在稻田或浅水沟渠中用鳝笼捕捉。不适用钩捕、电捕和药捕，这样捕得的黄鳝，常会受伤，在囤养中，易发病死亡。要选择体质健壮、没有受伤和无病害的黄鳝。大小分开，大鳝体质差的出售，体质强的作亲本留养；小鳝作鳝种留养。

3. 当年饲养　当年饲养的黄鳝对高密度囤养的适应性比野鳝更强，但也要选择无病无伤、体质健壮的个体。大小分开，大鳝体质差的出售，体质强的作亲本留养；小鳝作鳝种留养。在外收购捕捉的黄鳝往往不很清楚其生长年龄及性腺成熟情况，自己饲养的黄鳝对其生长年龄及性腺成熟情况比较清楚，因此在选择作亲本鳝留养时，一定搭配好雌雄比例及留足数量。

（三）冬季囤养池（或网箱）的设置处理

囤养池的建造和一般养殖黄鳝的池或网箱相同，可用饲养池或网箱直接替代。

1. 囤养场地选择　囤养池一般选在地势稍高、背风向阳、水源充足（水质良好、无污染）、进排水便利的地方。修建在室内也可以。家庭小规模囤养宜选在住宅附近，家禽牲畜不易践踏的位置，便于管理。网箱要选择背风向阳而又水位较深的位置，水深最好 1.5～2 米。

2. 冬季囤养池或网箱的设置处理

（1）囤养池的设置处理 可因地制宜，现有的养鳝池根据各方面情况综合考虑，一般选防逃、易捕、进排水方便、长方形池为好。囤养池的多少根据囤养规模而定。面积以 10～15 米²/口为好；可采用 5 米×2 米、4 米×3 米或 5 米×3 米；池深 1.0～1.2 米为宜。目前，囤养池较为普遍地分为有土池和无土池两种。

囤养池有土过冬：池底铺上一层厚 20～30 厘米有机质较多的黏土，并放入部分石块、瓦片、废弃的瓦管及竹筒（直径 10 厘米左右，长 30 厘米左右）等，做成人工洞穴，以供黄鳝群居，也便于捕捉。放养前用生石灰消毒。

囤养池无土过冬：要求囤养池在 1.5 米深以上，放水 1 米深以上；水上面放根部发达的水花生 30 厘米厚，黄鳝在里面过冬。水花生上面盖一层塑料薄膜或编织袋；较冷的地区再加盖一层稻草。以水表面不结冰为标准。

（2）囤养网箱的设置处理 一般用网箱在大水面养鳝，或不便在池塘及水泥池囤养黄鳝过冬的，可用网箱在大水体中过冬，方法有两种：

囤养网箱有土过冬：选择背风向阳、水位不是很深的水体，插入网箱，箱底部直接铺入水底淤泥中，然后在网箱底铺上一层厚 20～30 厘米有机质较多的黏土，并放入部分石块、瓦片、废弃的瓦管及竹筒（直径 10 厘米左右，长 30 厘米左右）等，做成人工洞穴，以供黄鳝群居，也便于捕捉。水上面还要放一层水花生。

囤养网箱无土过冬：选择背风向阳、水深 1.5 米以上的水体插入网箱，要求网箱箱衣只露出水面 30 厘米，其余全沉水下，箱底部紧贴着水体底部或不贴水体底部都行。箱内放水花生 30 厘米左右厚。

（3）冬季囤养有土和无土方式的比较

冬季囤养有土方式：黄鳝在有土中过冬，损耗小、掉膘少、病虫害少、安全系数高，成活率较高；但秋冬季入土冬眠早较无土过冬的鳝停食早，而春季土壤中温度没有水温回升快，又较无土过冬鳝开始活动和摄食晚（几乎要晚 20～30 天）。

冬季囤养无土方式：黄鳝在无土中即在水中过冬，水的温度与气温相差无几，而黄鳝又栖身于浮在水表层的水花生中，冬季太阳出来天气温暖时，还可出来晒太阳；停食晚、开口摄食早，其冬眠期短。但不利的是黄鳝受气温、水温影响较多，冷热频繁，受病虫害及鼠害、鸟害的危害较大。

（四）黄鳝的囤养

1. 鳝体消毒　囤养鳝入池前一般要先进行消毒，消毒方法见五（四）部分。

2. 囤养密度　囤养密度要根据囤养池的底质、水质、理化因子以及养鳝者的管理技术水平等方面综合考虑。一般个体的大鳝（8～10 尾/ 千克）囤放密度为 15～20 千克/米^2；小鳝种（80～120 尾/ 千克）囤放密度为 10～15 千克/米^2。如果是初次养鳝或经验不足时，囤放密度应适当降低，相反，还可适当提高。

3. 囤鳝入池方法　囤养鳝数量较多时，可采用间日分级多次投入。先放入较大个体，待大个体全部进入泥土中，再放入一般个体，后放入稍小个体。囤养过程中，捕到或购到的黄鳝经消毒后随时可入池。囤放时，尽量使黄鳝全池分布均匀。切实把握好囤放密度。

（五）囤养管理

囤养管理期从囤放鳝入池之日起（一般水温 15℃左右）至春节前后或 3～4 月。管理前阶段，水温在 10～15℃，黄鳝仍摄食，此时要做好投饲、水质、防病等方面管理。当水温下降到 10℃以下时，黄鳝开始进入冬眠，仍有少部分鳝摄食；水温在

5℃以下时，基本上都不摄食并停止活动，此时须进行越冬防冻管理。

1. 囤养期前阶段管理

（1）投饲管理　黄鳝喜食鲜活的动物性饲料。最喜食蚯蚓、蝇蛆和河蚌肉，囤养时，最好投喂这些鲜活食料。投饲一般在囤放 2～3 天后进行。第一次投饲量为囤鳝总重量的 1％～2％，次日检查，如果饲料基本吃尽，投饲量可增加到总重量的 2％～3％，如有较多剩余，则适当降低投饲量。投饲量常根据水温的变化进行调节。水温高可多投，水温低应少投或不投。黄鳝在长期饥饿时，有自相残食的习性，所以投饲一定要充足。囤养阶段，投喂的饲料必须新鲜量足，并及时清除残饵，加注清水，预防感染疾病，防止水质败坏。投饲原则是晴天多投饲，阴天少投，雨天不投。投饲应坚持到黄鳝完全拒食为止，这样可有效防止囤养期间黄鳝掉膘。

（2）水质管理　囤养池内黄鳝密度很高，池水浅，水质易恶化，易引起各类疾病，所以水质管理对黄鳝囤养非常重要。池水要求新鲜、清爽、无污染的水体。开始一般情况下每 2～3 天换水 1 次，随着水温降低，黄鳝活动强度减弱，换水次数可适当减少，在水温降至 15℃以下时，可不用再换水。池内的残食和黄鳝的粪便要及时清理。家庭囤养时，不可使生活污水流入鳝池内，以免产生不良后果。

（3）防病　防止栖息环境污染，寄生虫感染，鳝体受伤及细菌感染。详见病害防治部分。

（4）防逃　进、排水口要有防逃网，要经常检查是否损坏，并及时维修。下雨时，要防止雨水流入池内，并做好排水工作。

（5）防止浮头　黄鳝常由于严重缺氧，而窜出洞穴，群集水体上层散乱游动，或将头伸出水面，鼓起口腔，直接进行空气呼吸。囤养阶段只要做好投饲、水质管理等工作，把握好囤放密度，一般不会引起黄鳝浮头。发生浮头时，要及时加注新水；在网箱养殖的水体，可在箱外面用增氧机增氧。

（6）防禽畜牲口为害　防止鸟、鼠、兽、蛇等为害。特别注意不可让鸡、猪、牛等禽畜入池。

（7）防止农药入池　大部分农药对黄鳝都有杀伤力，要防止农药进入鳝池，特别是水源处。

2. 越冬管理　秋末冬初，水温降到10℃以下，黄鳝停止摄食，有土越冬鳝开始钻入泥下20～40厘米处进行冬眠。此时，要做好越冬防护工作。有土越冬的要排干池水，并始终保持土壤湿润及表面清洁。雨天、雪天要做好排水、除雪工作，不可使池中有积水、积雪等。严寒冰冻来临之前，需盖一层干草防冻。冬眠期间，不可在鳝池内随意走动或堆积重物，以免压实地下孔道，造成通气堵塞，影响黄鳝的呼吸。无土越冬鳝池一般为了易管理、易捕，而不采用深水越冬，只放在1.5～2米深的水中，水花生一定要覆盖全水面并有30厘米的厚度。大雪冰冻时要加盖塑料薄膜及稻草。经常检查网箱的情况，有洞及时补好；水花生蔓延出来要及时清理；有晒太阳而未回草下去的鳝要及时放下去。

（六）囤养鳝的起捕

囤养鳝的起捕一般在春节前后或3～4月。有土囤养池起捕前，要清除池中杂物和烂泥。如果池泥较硬，可注水将其浸透变软，再进行捕捉。起捕时，可先将一个池角的泥土清出池外，然后用双手逐块翻泥进行捕捉，而不宜用锋利的铁器挖掘，以免碰伤鳝体。最后将剩下的泥土全部清出作肥料用，翌年饲养或囤养时再换上新土。捕得的黄鳝要用水冲洗干净，再暂养在水缸等容器内，一天换水2～3次，待黄鳝体内食物排出，即可起运销售。暂养开始时和24小时后各投放青霉素30万国际单位，同时，每隔3～4小时用手或小抄网伸入容器底部朝上搅动，以免体弱的黄鳝长时间压在底部而死亡。无土囤养池或网箱越冬的鳝起捕前捞掉水草，注意一定要捡清草中的鳝。然后把鳝集中在箱一角，用手抄网抄捕。

（七）囤养期的病害防治

1. 发病原因　黄鳝在高密度囤养中，环境污染和自身的排泄污染，会导致病害，引起大批死亡。鳝病发生的主要原因有以下几点：

（1）囤养密度过高，或运输过程中运输时间长而不及时换水，产生"发烧"缺氧，使鳝窒息死亡。

（2）寄生虫所致发病，如蚂蟥、毛细线虫等。鳝体受伤感染而死亡。

（3）水温骤变而发病。运输和注水时，不注意水温调节，或天气骤变，使黄鳝不能适应而发病。

（4）投饲太多或水质管理不当而致病。池泥的土质太软太烂，有机质太多，不断分解而大量耗氧，引起黄鳝缺氧；或泥水中不缺氧但亚硝酸盐含量较高，使黄鳝不能正常呼吸而窒息死亡。

（5）水体中有农药等毒害物质引起黄鳝中毒。

（6）越冬管理不善，使鳝体冻僵。

2. 预防措施

（1）囤养池的清整和消毒　新开池可不必清整，使用老饲养池必须清整。首先是排尽池水，挖出池底淤泥，暴晒几日，再将鳝池壁、池底加固、打实，防止漏水、渗水。

囤养池的消毒要在囤放前 10 天左右进行。一般每立方米水体可用生石灰 200～250 克，或含有效氯 30％的漂白粉 30 克。或者用漂白粉 15 克、生石灰 150 克两者的混合物。消毒时，要先将药物放入木桶内加水溶解，然后全池泼洒。

（2）鳝体消毒　一般采用药液浸洗法。详见五（四）部分。

3. 防治措施　在囤养中常见有发烧病、水霉病、感冒病、萎瘪病等，防治方法见八（四）病害防治部分。

注意：加清水入池或长距离运输途中换水，应注意水要清新而且温差不应过大，不要超过 3℃，一般用手触摸没有明显差别即可。水温 15℃前一定要做妥池塘水体及鳝体的消毒工作，水温降到 10℃时，黄鳝就开始入穴越冬了，因此抓住时机不要错过季节。

八、黄鳝常见病害防治及用药准则

（一）黄鳝病害的预防

黄鳝在人工饲养管理不善或环境严重不良等情况时，发病几率增多，直接影响生长速度和成活率。因此，不能忽视黄鳝的病害。但是由于鳝病初期不易观察，后期又不易治愈，而且养殖无公害黄鳝所用药物都有限量，所以我们一般以预防为主。

1. 生态预防　鳝病预防宜以生态预防为主。鳝病预防措施有：

（1）保持良好的空间环境　养鳝场建造合理，满足黄鳝的喜暗、喜静、喜温暖的习性要求。

（2）保持良好的水体环境　加强水质和水温的管理，详见前面五（四）苗种的饲养管理"五防"部分。

（3）营造良好的生态环境　在鳝池中种植挺水性植物和水花生、水葫芦等漂浮性植物。并在池中放养 5% 的泥鳅以活跃水体；每池放入数只蟾蜍，以其分泌物预防鳝病。

2. 药物预防　详见前面五（四）苗种的饲养管理"四消毒"部分。

（二）关于渔用药物使用准则

渔用药物目前按照国家农业部颁布的《无公害食品　渔用药物使用准则》（NY 5071—2002）和《无公害食品　水产品中渔药残留限量》（NY 5070—2002）的标准执行，详见附录五、附录六。

（1）渔用药物的使用应严格遵循国家和有关部门的有关规

定，严禁生产、销售和使用未经取得许可证、批准文号与没有生产执行标准的渔药。农民朋友在购买渔药时一定要看清有无以上证件，千万不要购买"三无"渔药。

（2）严禁使用的药物　农业部在 2002 年 5 月份颁发文件规定，严禁使用高毒、高残留或具有三致毒性（致癌、致畸、致突变）的渔药。严禁使用对水环境有严重破坏而又难以修复的渔药，严禁直接将新近开发的人用新药作为渔药的主要或次要成分。被禁用的渔药中有许多都是以前我们常用的当家药物，如孔雀石绿（又叫碱性绿、盐基块绿、孔雀绿）、磺胺噻唑（又叫消治龙）、磺胺脒（又叫磺胺胍）、呋喃唑酮（又叫痢特灵）、呋喃西林（又叫呋喃新）、呋喃那斯（P - 7138）、红霉素、氯霉素、五氯酚钠、硝酸亚汞、醋酸汞、甘汞、滴滴涕、毒杀酚、六六六、林丹、呋喃丹、杀虫脒、双甲脒等，以及在饲料中添加的己烯雌粉（包括雌二醇等其他类似合成等雌性激素）和甲基睾丸酮（包括丙酸睾丸素、去氢甲睾酮，以及同化物等雄性激素）。在后面的病害防治部分中，严禁使用的药物都有可以使用的替代药物或是中草药。

（3）渔药的休药期　是指最后停止给药日到水产品作为食品上市出售的最短时间。

常用的渔药中有以下几种休药期：漂白粉休药期 5 天以上；二氯异氰尿酸钠、三氯异氰尿酸、二氧化氯休药期各为 10 天以上；土霉素、磺胺甲噁唑（新诺明、新明磺）休药期各 30 天以上；噁喹酸休药期 25 天以上；磺胺间甲氧嘧啶（制菌磺、磺胺-6 -甲氧嘧啶）休药期 37 天以上；氟苯尼考休药期 7 天以上。其他渔药暂无休药期。

严禁使用的药物和休药期为强制性执行条约，希望我们的养鳝朋友严格遵循以上的渔用药物使用准则的标准执行，只有按规定操作才会养出无公害的黄鳝，于己可有经济效益，于社会有保护生态环境的作用，把黄鳝的饲养操作成可持续发展的养殖业。

（三）黄鳝常见病的诊断方法

黄鳝的抗病能力较强，在自然生长过程中得病不多，但人工饲养若管理不善或环境严重不良等情况仍可导致黄鳝发病的几率增多，直接影响生长速度和成活率。因此，不能忽视黄鳝的病害。正确诊断鳝病是有效防病治病的关键技术，因此为了有效治疗鳝病，必须首先对病鳝进行正确的检查和诊断，才能对症下药，取得应有的治疗效果。鳝病的诊断可从两个方面进行。

1. 现场调查　现场调查可为全面查明发病原因，及时发现和正确诊断鳝病提供依据。

黄鳝患病后，不仅在鳝体上表现出症状，而且在鳝池中也表现出各种不正常的现象。如有的病鳝身体消瘦、柔弱，食欲减退，体色发黑，离群独游，行动迟缓，手抓即着，身体呈卷龙状；有的病鳝在池中表现出不安状态，上下窜跃、翻滚，在洞穴内外钻进钻出，游态飞速；有的体表黏液脱落，离开洞穴神经质地窜游且相互缠绕翻滚。这些可能是寄生虫的侵袭或水中含有有毒物质或水温过高而引起的。诊断时应细心观察，一般由中毒引起的，基本所有黄鳝都会倾巢而出；而由寄生虫引起的只是部分病鳝离穴。

同时，注意观察有无有毒废水流入鳝池，投饵、施肥是否过多而引起水质恶化，并对水温、水质、pH、溶氧和以前发病及用药等情况做详细调查。总之，现场调查是诊断鳝病的一个重要内容，不可忽视。

2. 鳝体检查　一般采用刚死但没有腐烂变质或者是快死的病鳝，鳝体应保持湿润，方法是按照先体表后体内、先目检后镜检的顺序进行。

（1）体表检查　将病鳝置于白搪瓷盘中，按顺序从头部、嘴、眼睛、体表、肛门、鳝尾等处细致观察。大型的病原体通常很易见到，如水霉、蚂蟥等。小型的病原体，虽然肉眼看不见，但可根据所表现的症状来辨别。如黄鳝体表局部出血发炎，严重时口腔出血，尾部溃烂腐掉，体表出现黄豆或蚕豆大小的红斑，则为赤皮病；若看到体表肛门附近出现一些漏斗状红斑，状似红色印记，严重时可看到骨骼和内脏，则为打印病；若尾部发白，病灶处无黏液，则为白皮病；若病鳝眼睛混浊、眼瞎，眼眶渗血，体表黑暗，现黑斑，不入穴，则为复口吸虫病；如鳝体青黑，肛门红肿突出，多为肠炎病。

（2）体内检查　体内检查以检查肠道为主。解剖鳝体，取出肠道，从前肠剪至后肠，首先观察粪便中有无寄生虫（棘头虫、毛细线虫等），然后用水将食物和粪便冲洗干净，如发现肠道全部或部分充血，呈紫红色，则可能为肠炎病。

以上检查，一般以目检（即肉眼检查）为主，镜检常用于细菌性疾病、原生动物等疾病的确诊和其他疾病的辅助诊断。方法是取少量病变组织或黏液、血液等，以生理盐水稀释后在显微镜、解剖镜或高倍放大镜下检查。

在诊断过程中，应根据现场调查结果和鳝体检查的情况综合分析，找出病因，做出正确的诊断，制定出合理的切实可行的防治措施。

（四）黄鳝常见病害及防治方法

1. 赤皮病　又叫赤皮瘟、擦皮瘟。此病大多是因鳝的皮肤在捕捞或运输时受伤，细菌侵入皮肤所引起的。

【症状】体表局部出血、发炎，尤其腹部和两侧最明显，呈块状，严重时可腐烂至骨。病鳝身体瘦弱，春末夏初较为常见。

【预防方法】

（1）放养前每立方米水体化 10～20 克的漂白粉浸洗鳝体约半小时。

（2）发病季节用漂白粉挂篓进行预防（每平方米用 0.4 克，大池可用 2～3 个篓，小池可用 1～2 个篓），用竹子搭成三脚架放在池里，再用绳子把篓吊入水中。

（3）在捕捞和运输种苗时，操作要小心，勿使鳝苗受伤。

【治疗方法】

（1）用漂白粉在全池泼洒，每立方米水体用1克，对成溶液泼匀，并接合挂篓治疗。方法同上。

（2）用磺胺嘧啶拌料投喂，第一天按池内鳝量每50千克用药5克，第二天用药减半，方法是把药拌入适量的面粉糊内，晒干后投喂。

（3）用10%食盐水洗擦患部；或把病鳝放入2%～3%的食盐水内浸洗15～20分钟。

（4）每立方米水体用明矾0.05克泼洒，2天后用生石灰25克泼洒水面。

（5）将五倍子研碎，开水冲溶后，全池泼洒，使池水中每立方米的药液浓度为4克。

（6）每50千克黄鳝，用辣蓼干粉500克，艾叶粉100克，制成药饵投喂，连续3～5天。

（7）每50米^{2}水面用新鲜马尾松针叶150～200克研细，对水后滤汁全池泼洒。

（8）每50米^{2}水面用蓖麻鲜叶或嫩枝150～200克，扎成数小捆，插入泥土中让其自然腐烂，每次3～4天，连续插2次。

2. 细菌性肠炎　又叫烂肠瘟，乌头瘟。病原为温和气单胞菌、产碱假单胞菌等。

【症状】病鳝行动缓慢，停止摄食，头部显得特别黑，腹部出现红斑，肛门红肿，轻者腹部有血和黄色黏液流出，重者发紫，很快死亡（此病一般在4～7月发生，流行较快）。

【预防方法】

（1）用生石灰水清池，每立方米水体20～25克。

（2）在发病季节每10～15天用漂白粉消毒一次，每立方米水体用药1克。

【治疗方法】

（1）每50千克鳝种用磺胺嘧啶5克拌料投喂，第2～6天药量减半继续投喂。

（2）每 50 千克黄鳝用大蒜头 500 克或大蒜素 2 克，食盐 30 克拌料投喂，第 2～6 天药量减半继续投喂。

（3）每 50 千克黄鳝用铁苋菜（晒干）130 克或鲜草 200 克，加上水辣蓼（晒干）130 克或鲜草 200 克，混合加水煎熬 2 小时，去渣后药汁拌饵投喂，每天 1 次，连续 3 天。

（4）每 50 千克黄鳝用穿心莲（晒干）1 千克或鲜草 1.5 千克，碎断煎煮。用蚯蚓或干蛆、蚕蛹粉浸药汁，晒干后投喂，每天 1 次，连续 5～7 天。

（5）每 50 米² 水面用蓖麻鲜叶或嫩枝 150～200 克，扎成数小捆，插入泥土中让其自然腐烂，每次 3～4 天，连续插 2 次。

（6）每 50 千克黄鳝用十滴水 20 毫升拌料投喂，连喂 3～6 天。

3. 水霉病 又叫鳝白毛病、肤霉病。水霉是腐生性的，当鳝体受伤，局部皮肤坏死、腐烂，或鳝卵死亡后，侵入霉菌所致。霉菌的菌丝在体表迅速蔓延扩散而生成"白毛"，使病鳝食欲不振，最后消瘦死亡。

【症状】受伤部位有明显的水霉存在，特别是在水中更容易看到水霉生长部位像绒毛一样随水漂动。

【预防方法】

（1）养鳝池在黄鳝入池前，用生石灰清池消毒。

（2）黄鳝大小分养，避免咬伤。

（3）运输操作中，尽力减少鱼体受伤。

【治疗方法】

（1）每立方米水体用 4 克盐和 4 克小苏打，混合化水全池泼洒。

（2）用 2%～3% 的食盐水浸洗鳝种，15～20 分钟。

（3）用 5% 碘酒擦抹患处。

（4）每立方米水体用高锰酸钾 2 克浸洗黄鳝 3～5 分钟，隔日1次，连用3次。

（5）将五倍子研碎，开水冲溶后，全池泼洒，使池水中每立方米水体的药液浓度为4克。

4. 腐皮病　体表受伤感染产气单胞菌所致。腐皮病在养鳝中最为常见。

【症状】体表皮肤黏液脱落，出现许多大小不等的斑块，其腹部两侧尤多，病情严重时，表皮呈点状溃烂，并向肌肉延伸，形成不规则的小洞，殃及内部脏器而死亡，或因瘦弱不食而死。

【预防方法】

（1）用生石灰清塘，消灭病原。

（2）鱼病流行季节，每立方米水体用漂白粉1克或用二氧化氯或用二溴海因0.3克，全池泼洒1次。

【治疗方法】

（1）每50千克黄鳝用磺胺嘧啶5克拌料投喂，每天1次，第2～6天药量减半投喂。

（2）用金霉素药液，每立方米水体用25万国际单位（每毫升0.25国际单位）浸洗病鳝体。

（3）用漂白粉，每立方米水体1克，或用二氧化氯或用二溴海因0.3克化水全池泼洒，每天1次，连续泼洒3次。

5. 烂尾病　由气单孢菌中的一种细菌引起。密集养殖池和运输途中容易发生，严重影响鳝鱼的生长甚至导致死亡。

【症状】尾部充血发炎，继之肌肉坏死溃烂，严重时尾柄或尾部肌肉烂掉，尾脊椎骨外露。病鱼反应迟钝，头伸出水面，丧失活动能力而死亡。这种病一旦发生，治疗十分困难。因此，注意以防为主。

【预防方法】

（1）运输过程中，防止机械损伤。

（2）注意鳝池的水质与环境卫生，避免细菌大量繁殖，可减少此病的发生及危害。

（3）每立方米水体用二氧化氯或二溴海因 0.3 克化水，全池泼洒 1 次。

【治疗方法】

（1）用金霉素，每立方米水体 25 万国际单位（0.25 国际单位/毫升），浸洗消毒病鳝 15 分钟。

（2）每立方米水体用二氧化氯或二溴海因 0.3 克化水，全池泼洒，每天 1 次，连用 3 次。

6. 打印病 又叫梅花斑病，病原为嗜水气单胞菌及温和气单胞菌。常发病在夏秋季。

【症状】黄鳝背部及两侧出现黄豆大小的梅花状斑。发红、溃疡、出血。黄鳝无法钻入洞穴。

【防治方法】

（1）每立方米水体用漂白粉 1 克，化水泼洒。预防只泼洒 1 次，发病治疗需连续泼洒 3 次。

（2）用蟾蜍 2 只从头部剥去皮，用绳子扣住，在池内来回拖转，使蟾蜍分泌的蟾酥散发池内。预防只需 1 次，发病后治疗则需连续 3 天 3 次。

（3）将五倍子研碎，开水冲溶后全池泼洒，使池水中每立方米的药液浓度为 4~10 克。

（4）第一天用漂白粉（每立方米水用 1.5 克）与干黄土或细沙部分均匀拌和全池泼洒；第二天用苦参煎剂（100 克苦参加水 2 千克煮沸后，慢火再煎熬），每 50 米^3 水体用苦参 8~11 克，隔天重复 1 次，共用 3 次为一个疗程。病情较轻者，1 个疗程即可，严重者需 2~3 个疗程，并可大大减少再感染的可能性。

7. 出血病 又称败血症。由产气单胞菌引起。

【症状】主要症状是体表呈点状或弥散状充血，腹部较为明显，肛门红肿。有的口腔内有血样黏液，提起尾部，口内流血水。病鱼皮肤及内部各器官由于血管壁变薄，甚至破裂均有出血，肝脏肿大损坏较严重。

【防治方法】

(1) 放鳝前生石灰清塘消毒时要彻底。

(2) 保证养殖期间的水质环境卫生条件。

(3) 每立方米水体用二氧化氯或二溴海因0.3克化水，全池泼洒1次。发病后连续3天泼洒3次。

(4) 用金霉素药液，每立方米水体25万国际单位（每毫升0.25国际单位）浸洗病鳝体15分钟。

8. 疖疮病　病原为豚鼠气单胞菌。

【症状】表皮及肌肉组织发炎，继而脓肿。脓肿处一般不开裂，常伴有头尾渗血。病鳝开始脓肿后不再入穴，常找水上支撑物躺着，似瘫痪状。此后，1周内死亡，死后病灶处常开裂。

【防治方法】

(1) 每立方米水体用二氧化氯或二溴海因0.3克化水，全池泼洒1次。发病后连续3天泼洒3次。

(2) 每50千克黄鳝用5克磺胺嘧啶拌料投喂，第2～6天后减半继续投喂。

(3) 将五倍子研碎，开水冲溶滤渣后全池泼洒，使池水中每立方米水体的药液浓度为2～4克。

9. 白皮病　病原为柱状嗜纤维菌及白皮假单胞菌。常发生于幼鳝尾部。多发于5～8月之间，死亡率可达到60％以上，一般1周左右死亡。

【症状】尾部发白，病灶处无黏液，一抓即着，但其他表现正常。

【防治方法】

(1) 用土霉素，每50千克黄鳝用5克拌料投喂，连续喂9天。

(2) 中药合剂泼洒：艾叶1 000克、地榆100克、苍术150克、并头草250克、百部50克、大黄30克，另加苯甲酸20克混合后以70℃温水浸泡48小时，均匀地挤药于30米^{2}的黄鳝池中，并注意观察，如黄鳝无反应，2～3天后换水、换药，一般2次可愈（该方可挤汁3～5次）。

10. 毛细线虫病 病原体为毛细线虫，虫体白色，细长如线，体长在2～11毫米。

【症状】病鳝时常将头伸出水面，腹部向上，食欲减退或不进食，体色变青发黑，肛门红肿。经解剖肉眼可见后肠内有乳白色线虫，其头钻入肠壁黏膜层，破坏组织，导致肠中其他病菌侵入肠壁，引起发炎溃烂，若大量寄生可引起死亡。

【防治方法】

（1）药物清塘，用90％晶体敌百虫，每立方米水体0.1克化水全池泼洒，可预防此病。

（2）每100千克鳝用甲苯咪唑或者用左旋咪唑0.2～0.3克拌饲料投喂，3天以后再拌饲料喂一次。或者每100千克鳝用阿苯达唑0.1克拌饲料投喂，3天以后再拌饲料喂一次。

（3）把兽用敌百虫片（0.5克/片）用水浸泡后碾碎拌饲料混合使用0.1％浓度，连喂6天。

（4）用贯众、荆芥、苏梗、苦楝树根皮等中草药合剂，按50千克黄鳝用药总量290克（比例为160∶50∶30∶50）加入相当于总药量3倍的水煎至原水量的1/2，倒出药汁，再按上述方法加水煎第二次，将第二次药汁拌入饲料投喂，连喂6天。

11. 棘衣虫病 病原体为隐藏棘衣虫，虫体为长圆筒形，乳白色，有时呈淡黄色。寄生于肠道内的为成虫，寄生于其他内脏器官的为幼虫及其包囊。

【症状】黄鳝感染棘衣虫后没有明显的症状，一般感染不会引起死亡，大量感染可使肠壁变薄或阻塞肠管，甚至造成肠穿孔，引起黄鳝死亡。被棘衣虫幼虫感染者，腹部膨大，有时腹部有充血现象。严重影响黄鳝生长。

【防治方法】

（1）同毛细线虫病。

(2) 病鳝内脏要深埋土中，切不要乱丢。

12. 隐鞭虫病　病原体为颤动隐鞭虫。侵害黄鳝的皮肤和鳃组织。

【症状】没有明显症状。

【防治方法】用硫酸铜、硫酸亚铁合剂（5∶2），每立方米水体用0.8克化水泼洒，每2天泼1次，3次1疗程。

13. 复口吸虫病　又称黑点病。病原体为复口吸虫的尾幼和囊幼。主要寄生于成鳝，可导致白内障和瞎眼病。

【症状】发病初期，体表灰暗呈现黑点，随后，眼眶渗血，黑点变大成黑斑，并蔓延至多处；停食，不入穴，游态常为挣扎，萎瘪消瘦而死亡。

【防治方法】

(1) 用生石灰消毒，彻底消除中间宿主锥实螺。

(2) 用硫酸铜，每立方米水体0.7克化水泼洒。每天1次，连用3天。

(3) 用二氯化铜，每立方米水体0.7克化水泼洒。每天1次，连用3天。

14. 嗜子宫线虫病　病原体为嗜子宫线虫，虫体血红色，胎生。寄生于鳝体内肠道和腹腔中。发病有季节性。一般冬季出现在黄鳝体内，春季后生长迅速而使黄鳝致病。6月左右后此线虫母体全部死亡，故夏秋季不发病。

【症状】鳝体腹腔和肠道内有血红色虫体，没有明显的症状，一般感染不会引起死亡，大量感染可使肠壁组织破坏，甚至造成肠穿孔，导致其他病菌侵入，引起黄鳝死亡。严重影响黄鳝生长。

【防治方法】同毛细线虫病。

15. 锥虫病　病原体为锥体虫，寄生在黄鳝的血液中。流行期在6～8月。

【症状】锥体虫在显微镜下才能见到，颤动很快，但迁移性不明显。黄鳝感染锥体虫后，大多数呈贫血状，鱼体消瘦，生长不良。

【防治方法】

（1）放鳝前，池子用生石灰彻底清塘。杀灭锥体虫的中间宿主水蛭（蚂蟥）。

（2）用2‰～3‰的食盐水浸洗病鳝10分钟。

（3）用硫酸铜、硫酸亚铁合剂（5：2），每立方米水体7克浸洗病鳝15分钟。发病后用此合剂，每立方米水体0.7克化水全池泼洒。

16. 航尾吸虫病 一种鳗鲡航尾吸虫寄生在黄鳝的胃中所引起的疾病。

【症状】病鳝消瘦，解剖检查可见胃中有很多虫体，使胃充血发炎。虫体活体体表光滑，圆柱形，背腹部稍扁平，淡红色。

【防治方法】同复口吸虫病。

17. 蛭病 又称蚂蟥病。病原为中华颈蛭和拟扁蛭。水蛭牢固地吸附于鳝体，吸取黄鳝的血液为营养，而且破坏寄生处的表皮组织，引起细菌感染。

【症状】患病黄鳝活动迟钝，食欲减退，影响生长。据观察，1条黄鳝的体表可寄生水蛭10多条，多的甚至超过100条。在蛭病发生的养殖池中，常发现黄鳝死亡。

【防治方法】

（1）在池中放笼捕起黄鳝，放在木盆中，以0.2%的90%晶体敌百虫溶液（25千克水加50克药）浸洗10～15分钟，使用安全，效果好。

（2）用硫酸铜（或二氯化铜），每立方米水体用8克药化水体浸洗10～15分钟；如发现黄鳝呈现发抖状态，说明浓度过高，浸洗时间过长，应立即将黄鳝捞出。

（3）用5%食盐水浸泡黄鳝10～15分钟，能使虫体脱落。

（4）用高锰酸钾，每立方米水体5克浸泡病鳝半个小时。

（5）用老丝瓜芯浸入鲜猪血，待猪血灌满瓜芯并凝固时即放入水中，30 分钟后，取出瓜芯即可诱捕大量虫体。如此反复多次即可捕净。

（6）每立方米水体用硫酸铜 0.7～0.8 克药全池泼洒，24 小时后彻底换水一次。

（7）用 2‰～3‰食盐水全池泼洒，能使虫体脱落，24 小时后彻底换水一次。

（8）用茶籽饼溶液全池泼洒，使水体的浓度呈 0.02％可杀死蚂蟥，24 小时后换水一次。

18. 发烧病 由于高密度养殖，或者高密度运输，且时间长，黄鳝体表分泌的黏液在水中聚积发酵释放出大量热量使水温骤升（可高达 50℃），溶氧降低，造成大批死亡。死亡率可达 90％。

【症状】黄鳝焦躁不安，相互缠绕，甚至于缠绕成团，导致死亡。

【防治方法】

（1）鳝池内可混养少量泥鳅，吃掉残饵，并通过泥鳅上下蹿动，防止黄鳝相互缠绕。

（2）在运输前先蓄养，勤换水，使黄鳝体表泥沙及肠内容物除净。气温 23～30℃情况下，每隔 6～8 小时彻底换水一次；或每隔 24 小时，在水中施放一定量的青霉素，用量为每 25 升水放 30 万国际单位，能收到较好效果。

（3）发病后在池中泼洒 0.06％的硫酸铜溶液（每平方米洒 40～50 毫升）。

（4）黄鳝发病后，立即更换新水，可用水管对着黄鳝团轻轻地冲开，水流不能太大。

19. 感冒病 注入新水的温度太低，黄鳝一时不能适应而引起大量死亡。

【防治方法】

（1）使用温度太低的井水或泉水给鳝池换水之前，应经地面流过一定距离，使水温升高接近原鳝池水温时，再注入池内。

（2）每次换水 1/3～1/2，慢流，温差不大于±2℃。

20. 昏迷症 多发于炎热季节，连续高温，水温高于30℃以上，遮阴、加新水降温不够。

【症状】发病时黄鳝呈昏迷状态。

【防治方法】先遮阴并加入新水降温，再将鲜蚌肉切碎，撒入池内，有一定疗效。

21. 缺氧症 多发生于高温闷热天气，气压低。水面温高，黄鳝无法探头呼吸空气，造成肌体呼吸功能紊乱，血液载氧能力剧减而缺氧。

【症状】黄鳝频繁探头于洞外，甚至长时间不进洞穴，头颈部发生痉挛颤抖。一般 3～7 天陆续死亡。

【防治方法】保持水体放鱼的综合缓冲能力。应急时可用2‰～3‰的食盐化水泼洒，并立即换新水加氧。

22. 萎缩症 高密度养鳝，长期投饵不足，或大小不均时，黄鳝基础代谢定量值得不到满足，只有消耗肌体的能量来维持生命，从而产生肌体萎缩。

【防治方法】

（1）在设计养殖规模时，要充分考虑饵料的来源和能提供的数量以及自己的经济力量，不要盲目地确定生产规模。

（2）分级饲养，增加食台和满足食量，饲料欠缺时一定要想办法解决问题。

23. 褐血症（暂定） 又叫高铁血红蛋白症；鳝抽搐。泥池水中的亚硝酸盐含量过高时，其水的 pH 越低，亚硝酸盐的毒害作用越强，血液中的血红蛋白与亚硝酸盐结合成不能运输氧的高铁血红蛋白，尽管水中有氧，鳝仍然会窒息死亡。

【症状】黄鳝皮肤黏液增多，充血，有腹水；口张开，呼吸频率加快，抽搐，呈昏迷状态。严重时病鳝呈360°旋转、扭曲、挣扎，尾部极度上翘，不久死亡。病鳝口腔、肛门有巧克力或酱油色血块。

【防治方法】

（1）泥池水中放鳝前用生石灰彻底消毒；放鳝后也要定期用生石灰对水环境消毒，并改善水质。

（2）发病后立即用2‰～3‰的食盐化水遍池泼洒救急，然后换新水。

24. 神经紊乱症　病因不明。目前检查鳝体表、体内肠、脏器、血、脑中未见细菌、寄生虫及孢囊。

【症状】病鳝发病初期食少或不食，常浮出水面或匍匐于水草上。随着病情的加重，口张开，呼吸频率加快，肌肉僵硬紧张，全身痉挛，在水中呈S形或头尾相接状旋转挣扎，尾部极度上翘。严重时，病鳝呈360°旋转、扭曲、挣扎，无力地沉入水底，3～5分钟后又急剧旋转扭曲至水表，如此往复，不久死亡。大多数死鳝呈"之"字形扭曲状。一般发病鳝在5～10天死亡。目检发现病鳝从吻端至眼睛发黄，黑色素减少。眼至鳃盖后缘发黑，黑色素加深，黄黑对比分明，头部肿大并充血，全身有出血点，腹部尤为明显。肛门红肿甚至呈紫色。烂尾或呈白尾。解剖检查发现肠胃内无食物。

此病流行季节是5～10月，其中7～9月为流行高峰期。发病期间的水温为20～32℃，在水温25～30℃时流行最快。发病率一般在2%～20%，在流行区达40%～50%，死亡率达80%～100%。湖北、湖南、安徽、江苏等省均有发病史。

【防治方法】发现病情只有加注新水，目前尚无有效防治方法。

九、黄鳝的起捕、暂养与运输

（一）黄鳝的起捕

1. 排水翻捕　把池中水排干，从池的一角开始翻动泥土，不要用铁锹翻土，最好用木耙慢慢翻动，再用网捞取，尽量不要让鳝体受伤。起捕率高达98％。

2. 网片诱捕　用2～4米²的网片（或用夏花鱼种网片）置于水中，网片正中置黄鳝喜食的饵料。随后盖上芦席或草包沉入水底，约15分钟后，将四角迅速提起，掀开芦席或草包，便可收捕大量黄鳝。起捕率高达80％～90％。

3. 鳝笼网捕　用带有倒刺的竹制鳝笼若干个，其内放一些鲜虾、小鱼、猪肝等诱饵，放置在池底水中，夜晚半小时左右取一次。一般可捕获70％～80％。

4. 钩捕　可用黄鳝最喜欢的蚯蚓作钓饵。找到黄鳝洞后，将带饵的钩伸到其穴洞内，待黄鳝吞饵后将其迅速钓出，动作要快，拉出水面后立即将黄鳝放入鱼篓内。钓黄鳝的钩有四种：

（1）硬钩　用自行车条和伞骨等废钢丝磨制而成，后端加上一段竹筷做的柄即可使用。

（2）软钩　制钩材料同硬钩，钩长4～5厘米，只是钩柄较长，钩柄最好用藤条（宽约0.5厘米）做成。

（3）软硬钩　在软钩的基础上，加长藤条，长约30～40厘米，藤条一头是钢钩，另一头是长20厘米，呈鼠尾状的竹梢。使用时将竹梢尖与钩体平行插进装在钩上的蚯蚓，起到硬钩作用，黄鳝一旦咬钩，竹梢与钩立即脱离，则能发挥软钩的长处。

（4）线钓钩　用三号或四号缝衣针、维尼龙线和竹竿制成。缝衣针弯成钩状，竹竿长约20厘米。维尼龙线一端扎住吊钩（缝衣针）中间，线的另一端扎在竹竿上。诱饵穿在吊钩上。傍晚，把装好的吊钩放入富有水草的河边水底，竹竿牢固地插在河岸上，2～3小时后或第二天早晨收回钓钩。用钩捕黄鳝，回捕率在50％～70％，劳动强度较大。

5. 草包张捕　把饲料放在草包内搁在平时喂食的地点，黄鳝就会钻入草包，将草包提起即可捕捉到黄鳝。

6. 扎草堆捕鳝　用喜旱莲子草或野杂草堆成小堆，放在岸边或塘的四角，过3～4天用网片将草堆围在网内，把网的四角拉紧，迅速提起，使黄鳝逃不出去，将网中草捞出，黄鳝即落在网中。草捞出后，仍堆放成小堆，以便继续诱黄鳝进草堆然后捕捞。这种方法在雨刚过后效果更佳。

7. 迫聚法捕鳝　迫聚法是利用药物的刺激造成黄鳝不能适应水体，强迫其逃窜到无药性的小范围集中受捕的方法。

（1）茶籽饼（茶枯）　茶籽饼含皂甙碱，对水生动物有毒性，量多可致死，量少可迫使逃窜。每亩水田用5千克左右。茶籽饼应先用急火烤热、粉碎，颗粒不大于1厘米，装入桶中用沸水5升浸泡1小时备用。

（2）巴豆　药性比茶籽饼强。先将巴豆粉碎，调成糊状备用。每亩水田用250克，用时加水15千克，用喷雾器喷洒。

（3）辣椒　选最辣的七星椒，用开水泡1次，过滤；再用开水泡1次，过滤，取两次滤水，用喷雾器喷洒，每亩水田用滤液5千克。

迫聚法可分为流水和静水两种。流水迫聚法用于可排灌的稻田。在田的进水口处，做两条泥埂，长50厘米，成为一条短渠，使水源必须通过短渠才能流入田中，在进水口对侧的田埂上开2～3处出水口。将迫聚物质撒播或喷洒在田中，用耙（耙宽1米，用10厘米长圆钉制成）在田里耙一遍，迫使黄鳝出逃；如田中有作物不能耙时，黄鳝出来的时间要长一些。

当观察到大部分黄鳝逃出来时，即打开进水口，使水在整个田中流动，此时黄鳝就逆水游入短渠中，即可捕捉。分选出小的放养，大的捕捞起水放在清水暂养。

静水迫聚法用于不宜排灌的田。备半圆形有网框的网或有底的浅笭筐。将田中高出水面的泥滩耙平，在田的四周，每隔10米堆泥一处，并使其低于水面5厘米，在上面放半圆形有框的网或有底的笭筐，在网或笭筐上再堆泥，高出水面15厘米即成。

将迫聚物质施放于田中，药量应少于流水法，黄鳝感到不适，即向田边游去，一旦遇上小泥堆，即钻进去。当黄鳝全部入泥后，就可提起网和筐捉取。此法宜傍晚进行，翌晨取回。

8. 幼鳝捕捉 池中饲养的幼鳝需要移到别的池中，每平方米可以放 3～4 个干枯的老丝瓜，过一会儿幼鳝就会自动钻进去，用密眼网或其他较密的容器装老丝瓜，就可把幼鳝捕捉起来。

（二）黄鳝的暂养和运输

人工养成的黄鳝，在市场销售或装运出口之前，一般都有一个暂养和运输过程。如果不暂养或暂养措施不当，或者是运输不规范，极易造成大批死亡，死亡率可达 90％左右；或者是使商品鳝受污染，不符合无公害产品质量标准，不准出售。

1. 暂养 鳝体暂养要求所用的场地环境无污染，安全卫生；要求暂养设备在暂养前用生石灰或是漂白粉消毒〔方法见前面五（四）饲养管理部分的"四消毒"〕；还要求暂养过程中所用的水是洁净的水，符合农业用水的质量标准。

暂养黄鳝的容器主要有水缸、木桶、水泥池。其中水缸、木桶既适于收购站使用，也适于家庭暂养使用。容量为 60 千克的缸或桶，气温 23～30℃时，可贮存黄鳝 30 千克，另加清水 25 千克，并根据当时的实际情况，选用下列一种安全措施。

（1）每隔 6～8 小时彻底换水一次（48 小时后成活率 96％）。

（2）在开始时和 24 小时后各施放青霉素 30 万国际单位（48 小时成活率 90％）。

在采取上述措施的同时，每隔 3～4 小时需用手或小抄网，伸入容器底部朝上搅动一番，使体弱的黄鳝不致长时间压在底部而死亡。在后一种情况下，如果暂养时间需要延长，则应在 48 小时内彻底换水一次，并再次投药。

2. 运输 与暂养一样要求在清洁卫生环境中装运黄鳝，并要求保证鲜活。运输黄鳝的工具应是无毒、无异味、表面光滑的器具。黄鳝不得与有害物质混装混运，更不要在运输过程中使用任何有毒有害的化学药物。

黄鳝的运输方法应根据数量的多少和交通情况，分别采用木桶装运、湿蒲包装运、机帆船装运或尼龙袋充氧装运等。不论哪种装运方法，起运前都必须将病、伤的黄鳝剔除，同时要认真检查一下运输途中的用具是否完备。

　　(1) 木桶装运　　木桶的优点是，既可作为收购、暂养的容器，又适于车、船运输，装卸、换水等操作管理也比较方便。这样，从收购、运输到销售不需要更换容器，既省时又省力，所以通常用木桶装运。桶的规格是圆柱形，用 1.2～1.5 厘米厚的杉木板制成（忌用松板），高 67 厘米，桶口直径 50 厘米，桶底直径 46.7 厘米，桶外三道箍，附有 2 个铁耳环，以便于搬运。桶口用同样的杉木板做盖，盖上有若干条通气缝。水温在 25℃以下，运程在 1 天之内，装黄鳝 25～30 千克，加水 20～25 千克为宜；天气比较闷热时，每桶的装载量应减至 15～20 千克。途中的管理工作，主要是定时换水，经常搅拌。气温较高时，每隔 2～3 小时就需换一次水，换的水以清净的活水（如江水、河水、水库及大湖的水）为最好。

　　(2) 蒲包装运　　如果黄鳝数量不多，途中时间在 24 小时以内，可采用蒲包装运。蒲包应洗净、浸湿，每包盛装 25～30 千克，再连包装入箩筐或水果篓中，加上盖，以免装运中堆积压伤。气温较高的季节，应在筐上放置冰块，以起到降温保湿的作用。在 11 月中旬前后，用此法装运，如果能保持湿润（不用冰块），3 天左右一般不会发生死亡。

　　(3) 机帆船装运　　如果黄鳝数量较大，途中时间在 24 小时以内，又有水路通航时，可直接用机帆船船舱装运。黄鳝和水的比例为 1∶1，即 1 千克黄鳝 1 千克水。这种装运方法，不但运费低，而且成活率高，可达 95％以上。但要注意，凡是运过柴油、汽油、桐油或当年上过桐油的船，都不能装运黄鳝。凡运过石灰、食盐、辣椒、化肥、农药等有毒或刺激性较强的物质的船，未经彻底清洗，也不可装运黄鳝。另外，每隔一定时间需赤脚下舱将舱底部的黄鳝翻上来（应事先剪去脚趾甲，避免擦伤鳝体）。水质不好时，须泄出一部分水，并添新水。

（4）尼龙袋充氧运输　每袋装10～15千克，加水淹没鳝体，充氧后紧扎袋口运输。一般采用此法进行空运或长距离的运输。

3. 暂养、运输中的死亡原因及对策　黄鳝在暂养、运输过程中，发生大批死亡的主要原因有以下几点：

（1）"发烧"缺氧，使鳝窒息　所谓"发烧"，是指盛黄鳝的容器内水温显著升高，如果不及时换水，水质进一步恶化，直至呈暗绿色，并有强烈的腥臭味，这时水中严重缺氧，大批黄鳝会窒息而死。但这时体质比较健壮的黄鳝，往往能挤到表层，奋力竖身昂头，直接呼吸空气，因而不会发生死亡。缺乏经验的人常被这种表层假象所蒙蔽，实际上表层以下的黄鳝已经相互纠缠成团，亟待抢救或已经大量死亡。产生"发烧"的原因和防治方法请见黄鳝病害部分。及时换水，可以提高成活率。

（2）鱼体受伤引起死亡　用钩捕获的黄鳝，往往会使头部受伤；用破损的篾篓或其他粗糙锋利的容器盛装，会使体表创伤；集中盛放时相互用嘴咬，一般是尾部咬伤。据统计，这些受伤的黄鳝，在4天的贮存对比中，以头部受伤的成活率最低，只存活5%；体表受伤的成活率为17.5%；尾部受伤的成活率为72.5%。而在同样条件下，无伤黄鳝的成活率为97.5%。受伤黄鳝，往往受强者的挤轧而沉没于容器的底部。所以在暂养和运输时，要将病、伤的黄鳝剔除；容器要尽量光滑，无破损；密度要适量。

（3）水温升高造成死亡　水温的上升能引起黄鳝本身耗氧量的剧增。如水温在8.5～10℃时，黄鳝平均耗氧量每小时每千克为38.74毫克；在黄鳝最适水温的23～25℃时，耗氧量跃增到每小时每千克为326.34毫克；水温上升到30～34℃时，耗氧量剧增到每小时每千克为697.54毫克，这样高的耗氧量，自然极易引起水中缺氧而死鱼。所以，贮运黄鳝最好是春、秋季节，水温在25℃以下；并要定时换水，经常搅拌，保持最适温度。

十、黄鳝养殖致富实例

（一）走技术创新路，赚经验增效钱

湖北嘉鱼县陆口镇新巷村村民利用房前小河网箱养鳝鱼已有几年了，2002 年他们总结经验和学到的新技术，进行技术创新，取得较好的成绩，经济效益比以往增加了 20％。具体做法是：

1. 网箱创新　以往的网箱规格为 12 米长、4 米宽、1.2 米高。网箱中因无隐蔽物，黄鳝栖身难，活动量大；而箱体大，水体交换困难，使鳝鱼生长不好。后来经过总结经验，他们把网箱改成 3 米长、2 米宽、1 米高的小规格箱，同时箱内放水草和设置饵料台，既使箱内水体交换好，水质清新，又使黄鳝有安静的栖身之处，有利黄鳝生长。

2. 鳝种创新　以前生产上一直认为放养 20 克/尾规格的鳝种是适宜的，他们在实践中发现，从生长速度和经济效益的角度看，以体重 30～80 克/尾的生长最快，此规格的鳝种起捕时可长到 300～400 克/尾。黄鳝规格越大其价格越高，为此，去年他们大胆改革投放 60～80 克/尾的鳝；在附近市场即可购买，而且价格低，减少了外地引种的费用和造成的鳝种的损伤。为了保证鳝种质量，他们亲自到其他养殖户收购，防止钩钓、药捕和电捕的黄鳝混入。放鳝以前还用盐水浸泡消毒：1 千克黄鳝配备 1 千克盐水（每 10 千克水中加入 0.3～0.6 千克食盐，食盐用量为夏天少，春天多）。将浓盐水盛入大盆，鳝入其中，可自由游动的为健康鳝，入箱养殖，其他不正常的立即剔除。

3. 饵料创新　以前饵料来源主要是从湖里捕捞河蚌、螺蛳、小鱼虾等。由于鳝种较多，每天要花大量的时间和精力准备饵料，有时甚至出现饵料短缺现象。而且蚌肉、螺蛳肉中常有寄生虫，严重影响黄鳝生长。去年他们从湖北省孝感引进蚯蚓良种大平二号，用禽畜粪培育蚯蚓，解决了饵料供给问题，降低劳动强度，黄鳝喜好摄食，生长快，疾病也少。投喂时，借鉴笼捕作法，将蚯蚓轻微过火后再投喂，既能提高黄鳝的食欲，又能增进消化吸收。用蚯蚓养的黄鳝体泽鲜艳、体质健壮、肉的含量高，市场价格好且易销售。

4. 管理创新 对黄鳝的疾病以预防为主，治疗为辅。如在生长旺季，每个箱里放 2 只蟾蜍同养；每月 1 次用偏方治细菌性肠炎：每 100 千克黄鳝用大蒜 500 克，食盐 500 克，捣碎溶解，拌饵投喂，连喂 7 天一个疗程。在夏季高温阶段，利用生态调控水质：①栽培水草：水草达箱的 2/3 面积。水草放入箱中前要用 5％的食盐水浸泡 10 分钟消毒。防止蚂蟥等有害生物进入箱内。水草能降低水温，供黄鳝栖息，还能净化水体。②搭棚遮阴：采用搭架种丝瓜、扁豆等攀缘植物，以便更好降温。③混养泥鳅：泥鳅的放养量占鳝种重量的 10％左右。泥鳅上游下蹿可以搅活水体，增加氧气的分布和排除部分废气，泥鳅还可清除残饵，净化水质，减少疾病的发生。

（尹伦甫）

（二）初具规模的鳝鱼组——白庙镇继美村五组养鳝致富情况简述

位于洪湖市白庙、峰口、曹市三镇交界处的白庙继美村五组，交通闭塞，信息不畅，常被人们称之为无人问津的"孤岛"。然而这里的农民并不那么"墨守成规"，他们选准了养鳝致富这条捷径。自1990 年来，该组就开始有人养鳝。到现在，这个仅有 34 户的小组几乎都参与养鳝业，其中最大的一户鳝鱼池面积 1 000 米^2，最小的也有 100 米^2，全组鳝鱼池总面积约 45 000 米^2。初步统计，鳝鱼存量达到过 50 000 千克，昔日无人问津的"孤岛"今日变成了远近闻名的"鳝鱼组"。

他们的主要做法是：①制定优惠政策，鼓励农民发展养鳝业。村支部从 1993 年起决定，凡农民建鳝鱼池需要的黄沙、水泥一律由村统一免费提供，并每建 100 米² 鳝池减免大型水利标工 5 个。②自发成立养鳝协会。选举小学校长龚茂忠为会长，负责传播技术，传递信息。③充分发挥水田多、河渠发达的地理优势，利用空闲劳动，采取用扳网、下濠子，在水稻田挖捕等方式获取鳝鱼。④利用平顶楼的顶部，房前屋后修建鳝鱼池，既节约土地又便于管理，安全可靠。⑤在鳝鱼大上市的季节低价（每千克 6～8 元）大量收购后，放到自家池中喂养。

该组农民养鳝充分利用了空闲劳动时间，季节差（旺季低价收，淡季高价销）等优势，截止 11 月，全组分别以每千克 12～18 元销售了约 10 000 千克黄鳝，创利过数万元。目前总存量达 25 000 千克。

（卢德浩）

（三）柯明祥的稻田养鳝

黄鳝是药食同源的名特小水产品之一。利用自然资源进行寄养式的人工饲养，是一种投入少、时间短、效益高的养殖模式。鄂州市杜山乡柯营村十四组村民柯明祥，突破常规的庭院式小规模黄鳝饲养方法，从 1994 年起开展了稻田养殖黄鳝新技术，3.8 亩的稻田当年出产食用鳝 130 多千克，创收 5 000 余元。开创了鄂州稻田养鱼中以黄鳝为主养对象的先河。

经过多年与鱼打交道的琢磨和摸索，在 5.5 亩的责任田，柯明祥实行了"三配套与三结合"的生物措施和工程措施。"三配套"即：稻田与水池相套，除继续安排 3.8 亩的稻田水面植稻育鳝外，还在鳝田内修建了 8 口计 150 米² 的水泥池；水田与旱地相配套；在责任田内围沿四周安排与排灌系统相配套。整个 5.5 亩的责任田由近 300 米长的深水沟所环绕，水沟与外围农田水利网络相通，水源充沛，能排能灌，保证了生产所需；水沟内还放养鲫鱼亲本 10 千克，繁苗供黄鳝作饵料之用。"三结合"为：黄鳝粗养与精养相结合。3.8 亩水田作粗养区，已放养幼鳝 4 100 多尾；150 米² 水泥池作精养区，除水泥池精养外，还在池内配套小网箱精养，小网箱规格为每口 1.5 米^2。精养区平均每平方米放养密度约 10 千克左右。稻田内养鳝不投饵，以天然饲料饲养，精养区内实行人工投饵，饵料种类为蚯蚓、野杂低值鱼与虾类，投饵率在 5%～7%。水泥池、小网箱除精养黄鳝外，还可暂养已达到规格待售的食用鳝；种苗生产与成品生产相结合。稻田是黄鳝理想的栖息之地，适宜的生态条件使黄鳝在稻田内能有效地发生生殖行为；稻谷的秧苗通过鱼秧轮作（养）的方法，亦在责任田里解决。种苗获得了较好的解决，使成品生产有了物质保障；粮食作物与经济作物相结合。配套的 1.7 亩旱地根据季节茬口的变化来安排，分别种植棉花、花生、大豆、蔬菜类，既满足了农民生活中必不可少的"自给自足"需求，又实现了农产品生产的多元化。

（鄂州市水产局　朱振东）

（四）投资 400 元创收 3 000 元的养殖经——黄鳝高产要点

湖北省当阳市实用技术研究所种养示范户曹功从 1991 年 5 月投资 400 元，在后院养殖黄鳝 10 米^2，第二年 3、4 月起出售商品鳝 162 千克和黄鳝种苗，两项合计纯利 3 740 元。曹功养鳝鱼的主要技术要点如下：

1. 科学建池　池底建有越冬巢，泥面设有温差缓冲带，冬夏无碍，满足了黄鳝四季生态平衡的自选要求，确保其总体环境上的安全。

2. 投放良种　选以黄鳝为父本进行人工选育复壮，并经调教的优良品种；投放密度高达每平方米 200 尾，即全池投苗 2 000 尾。该鳝种 7 个月单体增重平均达 150 克以上，是野生鳝的 3 倍。

3. 生物防调　鳝池中种有莲藕和芋豆，以"调肥换气"，同时还投放 10% 的云斑泥鳅，以"清残活泥"。另外定期换水，生物防疫，即在泥中夹种一些"辣蓼草"和放几只蟾蜍等。

4. 主攻饲料关　经该所对比研究，野生鳝料肉比为 40：1，家养鳝料肉为 8：1。该黄鳝体重 80% 的投饵量，7 个月间平均每天投饵 3 千克。解决的方法有四：①以菜地养殖星白二号蚯蚓 10 米^2，同时箱式养殖环毛二号蚯蚓 1 米^3，可解决春、夏饵料之需；②养殖黄粉虫 10 盆，以解决入秋饵料之需；③池中散布"宫柱式"平菇养料，一方面生产平菇，三季产菇 210 千克，另一方面培养料也起到了补充饵料的良好作用；④以玻璃缸养殖水蚯蚓，以供黄鳝幼苗之需。以上饵料无需周期性重复投资，只需一次性投入且投资极低。

（李　辞）

（五）养鳝植芋，芋鳝双丰收

监利县国有荒湖农场农工陈培容利用门前空地，建起 4 个养鳝池。每个养鳝池长 8 米，宽 4 米，墙高 0.9 米，池底为水泥地面。使用面积 25 米^2。池里最高保持水位 30 厘米，最低不低于 10 厘米，鳝鱼大小分池。共投放鳝鱼种 50～70 千克。鱼池中间堆黄土 40 厘米，约 10 米^2 种芋头，15 米^2 养鳝鱼。采用这种养鳝方法，好处有：①鱼池中间有土，鳝鱼白天钻进土里，免受侵害。晚上出水面吃食；②池中土堆既种芋头，又养蚯蚓 5～10 千克，能解决鳝鱼部分活食；③气温增高时，芋头的叶茎为鳝鱼遮阴，鳝鱼为芋头提供肥料，互利互补；④有了养鳝池，可利用季节性价格差，随时捕鳝出售。仅当年，陈培容养鳝纯收入 1 500 元，另外卖芋头收入 500 多元。

（王林保）

（六）鳝、蚓、龟流水分级养殖

近年来，江苏省滨海县坎北乡养殖大户孙德成，采用鳝、蚓、龟流水分级养殖模式，其 30 亩池塘每年生产产品 1 吨以上，纯收入 10 万元以上，并且出口绿毛龟、金钱龟等，成了远近闻名的专业户。

1. 一级池主养黄鳝，兼养蚯蚓和水浮萍

（1）池塘建造　选择常年有流水的地方建池，池塘面积、形状和方向自行确定。池壁高 1～1.5 米，在对角处设进出水口，均装好防逃设施。

（2）池内堆土　在池内堆若干条宽1.5米、厚25厘米的土畦，畦与畦之间距离20厘米，四周与池壁也保持20厘米距离。所堆的土必须是含有有机质的壤土，以便于蚯蚓繁殖和黄鳝打洞藏身。

（3）繁殖蚯蚓　堆好壤土后，使池中水深保持5～10厘米，然后放养蚯蚓种2.5～3千克/米^2，并在畦面上铺4～5厘米厚的发酵过的牛粪，让蚯蚓繁殖。以后每3～4天将上层被蚯蚓吃过的牛粪刮去，加铺新的发酵过的牛粪4～5千克/米^2。这样，经过14天左右，蚯蚓已经大量繁殖，即可放入鳝种。

（4）放养鳝种　放养密度要看鳝种规格而定，以整个池面积计算，若是30～40尾/千克的个体，放4千克/米^2；若是40～50尾/千克的个体，放3千克/米^2。从4月养到11月，成活率在90％以上，规格为6～10尾/千克。

（5）鳝种管理　鳝种经消毒后，放入池中，池中水深保持10厘米左右，并一直保持微流水。以后每3～4天将畦面牛粪刮去一层，随后每平方米加4～5千克发酵过的新牛粪，保证蚯蚓不断繁殖，既可为二级池、三级池的鱼、龟提供优质适口饵料，同时可供黄鳝在土中取食，不需人工投喂其他饵料。池内的黄鳝由于水质一直良好，且有优良的活饵——蚯蚓供摄食，因而不易发病，生长快，产量高，经济效益好，一般每平方米可产鳝14～15千克。在养殖期间，对黄鳝的常见病害则采取预防措施。

（6）水浮萍培植　培植的目的是改善和净化水质，亦可供养殖对象摄食。

2. 二级池龟鱼混养，配养福寿螺

（1）池塘建造　池四周可用砖等砌成90～100厘米高的防逃墙，进排水方便，养殖面积大小、形状可根据养殖规模而定；根据龟喜阴怕热怕冷、喜静怕乱、喜洁怕脏的习性，可在所养塘中设砖砌暗洞的台阶或假山数座，靠假山1米处安装60瓦黑光灯数只，高出水面80厘米，若有条件，可在池底铺混沙土（土

30%、沙 70%）20 厘米，保持水位 1.5 米。

（2）龟种选育　苗种质量的好坏，是养龟成败的关键。人工培育种龟是解决苗种的可靠途径。优质龟种应无病无伤，身体健壮，四肢有力，颈伸缩自如，反应灵敏，背腹甲有光泽，肢体健全。放养以整个池面积计算，一般每平方米放养 I 龄 20～30 只，II 龄 7～20 只，III 龄 3～5 只。

（3）培育福寿螺　福寿螺繁殖率高、生长快、产量高，是龟的优质饵料，其放养密度是 30 千克/公顷。福寿螺进行交配后，大约 1～5 天后即开始产卵，每一卵群有卵粒 10～2 000 粒，一个雌螺可连续产卵群 20 个左右。卵在气温 18～22℃时，1 个月左右才能孵化，但在 28～30℃时，则 1 周左右即可孵化。

（4）龟饵来源　其途径是：利用黑光灯繁殖福寿螺。

（5）鱼龟混养　鱼应以鲢、鳙为主，适当搭配草食性和杂食性鱼类。投饵的重点是龟，其次是草鱼。龟和草鱼的粪便肥水，繁殖浮游生物；同时龟和鱼上下活动可使水体进行交换。

（七）网箱饲养黄鳝

黄鳝自古以来都在水中的泥土中打洞栖息，近几年人们经过试验探讨，利用网箱放在池塘、河沟、湖泊及稻田等水体中，效果很好。特点是不占地，投资少，劳动强度小，养殖快，且效益高。湖北省洪湖市沙口镇东湾渔场，从 1999 年开始，利用网箱养殖黄鳝，当年共放养 1 200 口箱，面积在 1.8 万米^2，获利 300 万元。到现在已发展到 3 000 口网箱，近 5 万米^2，每年获利在 700 万元左右。其养殖方法是：

（1）网箱材料用聚乙烯，四绞三网片或者是无节网片，做成长 4 米、宽 3 米、高 2 米；或者长 5 米、宽 3 米、高 2 米；或者长 6 米、宽 3 米、高 2 米的网箱都行。面积 12～18 米^2 不等。网箱成本大约在 70～80 元/口。网箱插在养鱼的池塘中；也有插在稻田一边的深沟里，一般是插在池塘或稻田的进水口处；还有插在河沟流水中。

（2）网箱系在打入水中的木桩上，排列成行，箱与箱之间每横排间隔5～10米，竖排间隔在1米宽以上。网箱入水80～100厘米。新网箱浸泡15～20天后，用生石灰2千克泼洒消毒，然后待15天药效过后再放鳝苗种，箱内要放养占网箱水面2/3的水花生。

（3）每口箱放养鳝苗种20～30千克；饲料条件好和技术高的养殖户可放到50千克，规格从20尾/千克到60尾/千克不等。但大小规格一定要分开养。以20尾/千克的苗种饲养增重量最大，达3倍以上。鳝苗下水前用3‰的食盐水浸泡5～10分钟消毒。

（4）每口箱设置3～4口投饵台，每天投饵2次（9：00～10：00、18：00～19：00）；每次投饵量为投放鳝种重量的5％～10％不等。饵料以新鲜动物料（鲜活小鱼虾、蚌肉、家禽下水内脏等）为主，辅以豆粕、次粉等。

（5）管理要做好防逃、防水质恶化、防病害、防暑防寒、防敌害。勤观察、慎管理。

饲养到年底黄鳝增重2～3倍，每口箱收获黄鳝150千克左右，获利2 000～3 000元。

网箱养鳝水质稳定、管理和防病治病方便，因此成活率高。加上洪湖地区资源丰富，黄鳝苗种价低，渔民投资少，饲养技术高，见效快、收益好，是一条致富的好途径。

十一、黄鳝的药用和食用技术

（一）黄鳝的药用

（1）鱼血治疗口眼歪斜（颜面神经麻痹）：将活鳝鱼头或尾割断取血，血涂于瘫痪对侧（即斜左涂右，斜右涂左），复正时即擦去鳝血；亦可加入白芷粉，或冰片或麝香，涂治患处。

（2）鳝鱼剪尾滴血于耳内每次3滴，侧卧20分钟，每日2次，治中耳炎。

（3）黄鳝250克切断，猪肉100克，加水煮熟，食肉饮汁，治肾虚腰疼。

（4）黄鳝一条，去内脏，加鸡内金 10 克，加水蒸熟，用适量酱油调味食之，治小儿疳积。

（5）黄鳝血焙干研末，吸入鼻中治鼻血；敷于伤口治外伤出血。

（6）黄鳝血涂患处，治湿疹顽癣。

（7）黄鳝煮熟食，治内痔出血，气虚、脱肛、妇女劳伤、子宫脱垂，可补气固脱。

（8）药膳一方主治：气血不足，久病体弱，面黄肌瘦，体乏无力。

原料：鳝鱼 500 克，当归 15 克，党参 15 克，葱、姜、蒜、盐、料酒、酱油、味精各适量。

做法：鳝鱼剖脊去骨，去头尾内脏，肉切丝。中药装袋。鱼药下锅投入葱、姜、蒜、盐、料酒，加水，烧开，继炖 1 小时，取出药袋，撒入味精，即可食用。服用时吃鱼喝汤。

（二）黄鳝的食用菜谱

1. 鳝段烤肉

（1）配料　大黄鳝（活）400 克，红烧肉块 150 克，葱段少许，红酱油 40 克，食盐 2 克，葱结 1 只，白糖 50 克，黄酒 15 克，姜 2 片，猪油 75 克，白汤 750 克。

（2）黄鳝初步加工　把活鳝重重掼闷，用剪刀从尿洞刺入，顺腹部剖开肚皮，挖掉内脏，用水冲洗干净。放入洗器中加入许盐，冲入沸水，上下翻动后捞出，再放入冷水中洗掉黏液，捞出后去头尾，切成 5 厘米长的段。红烧肉改切成 4 厘米长，2 厘米宽的块。

（3）烹调方法　炒锅烧热，放入猪油 50 克，在旺火上烧至八成热，投入葱、姜爆出香味，推入鳝段，放入黄酒，加盖略焖，再加入白汤，沸滚 2 分钟移到小火上加盖焖烧 20 分钟左右，焖到六成熟，捞出葱、姜，加入酱油、盐、白糖、红烧肉，再加盖焖 25 分钟，再用旺火一面滚、一面旋晃炒锅，至卤肥汁较少时，沿锅边淋入猪油25克，旋转锅，待呈胶状时翻锅，放入蒜段，出锅装盘。

2. 脆鳝挂卤

（1）配料　熟中、小鳝鱼肉750克，葱、姜、蒜、盐、白糖、醋、酱油、料酒、味精、香油、花生油、水淀粉。

（2）烹调方法　鳝鱼取用背肉和肚皮。锅内注水，加料酒、醋、姜。水开后，把鳝鱼肉氽烫一下捞出，换净水，用手撕成条。把葱切成小葱花，姜切成末，蒜拍碎。用料酒、酱油、白糖、葱、味精、姜、蒜、水淀粉兑成糖醋汁。油烧八成热，投入鳝条，炸到油内不响，不冒油花时，证明鱼肉已炸酥，用漏勺捞起。出菜时，再用热油重炸一次捞出装盘。另烧热少许香油，将对好的糖醋汁搅匀倾入，用手勺烧熟，见起小泡即离火，浇在鳝条上即成。

3. 清炒鳝糊

（1）配料　黄鳝丝500克，姜丝50克，熟火腿丝50克，白糖3克，葱末、姜末、胡椒粉少许，红酱油20克，黄酒15克，猪油100克，香油10克，白汤75克，湿淀粉适量。

（2）初步加工　将死的黄鳝，用水冲至温热，逐条挖掉内脏，用水洗净，捞出沥干，切成5厘米长段待用。

（3）烹调方法　炒锅烧热，用油滑锅后加入猪油25克，在旺火上烧至八成热，推入鳝丝，煸散、煸透至鳝丝两头略翘为止。加入黄酒、酱油、白糖、味精、姜末炒至上色入味，放入白汤烧滚，移到小火上加盖略焖1分钟再移回旺火烧滚，淋湿淀粉拌匀，连续翻滚，加猪油15克搅拌后出锅装汤盘中，然后用手勺背在中间划一潭，潭中放入葱末、香油，边上放火腿肉丝、姜丝。炒锅中放入猪油60克，烧到八成热，出锅浇在潭中，发出强烈爆炸声即上桌，同时撒上胡椒粉。

4. 干煸鳝片

（1）配料　活的大黄鳝300克，药芹25克，姜丝15克，蒜丝5克，青椒片25克，黄酒15克，红酱油5克，食盐2克，白糖3.5克，米醋2.5克，四川豆瓣酱10克，花椒粉少许，干淀粉 50 克，猪油 50 克，香油 10 克，白汤 25 克。

（2）初步加工　药芹先摘净叶，切掉须、根，洗净后切成 3 厘米左右的段。把活黄鳝重重掼蒙，然后用剪刀剖开肚皮，挖掉内脏，用水洗净。用刀把脊骨剔掉，切下鳝头，平放于案板上，鳝皮朝下，然后转平刀口朝外，一手拉牢鳝皮（尾部）并略朝后拉，一手握刀朝前推剔，顺势剔下鳝肉，再用刀斜剔，切成坡度形宽片，洗净后捞出，沥干待用。

（3）烹调方法　碗中放入鳝片，加盐拌后放入湿淀粉拌匀，再撒上干淀粉，四面均匀地拍牢。炒锅烧热，放入油 750 克，在旺火上烧到七成热，将鳝片散入油中，用漏勺上下翻动，炸到起硬性时（不要太硬）捞出，再用旺火把炒锅烧热，加猪油 15 克，烧到八成热，推入药芹不停地快煸，煸至出水，倒入漏勺。再把炒锅烧热，用油滑锅后加入猪油 30 克，在旺火上烧到六成热，推入炸好的鳝片，不停地煸炒，直到鳝片干硬后加入姜丝、蒜丝、青椒、黄酒煸和，再放入四川豆瓣酱、白汤、酱油、盐和味精，煸到上色出红油，推入煸好的芹菜拌和，连续滚，再洒上米醋、香油，略拌，出锅装盘，撒上花椒粉。

5. 金钱鳝筒　本烧法被称为夏令家庭菜谱。

（1）配料　活黄鳝 500 克、虾茸 100 克、绍酒、精盐、味精、葱、姜、香油适量。

（2）烹调方法　将活鳝宰杀（不能破肚，但要除去主骨），切成 3 厘米长的段，将虾茸装进鳝筒中，在沸水中焯一下，出水后，排在盆中，加上以上调料，上笼蒸 20 分钟即可。加工成后可拼放在圆盘中。

黄鳝的烹饪方法许多，如湖北有清炖鳝鱼、马蹄鳝鱼、爆炒黄鳝、皮条黄鳝、粉蒸鳝鱼、红烧鳝鱼、五彩鳝鱼、烧鳝鱼乔、雪花鳝丁、清炒鳝筒、烧盘鳝等。四川有干煸鳝丝、脆鳝丝、鲜溜鳝片、麻辣鳝丝、红糖鳝丝、糖醋脆鳝丝、鱼香鳝片、红烧鳝卷等。江苏有酥炒鳝片、纹金线黄鳝等，均是美味可口的佳肴。

泥鳅养殖技术

一、概　　述

泥鳅，俗称鳅，肉质细嫩，味道鲜美，营养丰富，为国内外消费者所喜爱的美味佳肴。泥鳅素有"水中人参"之称，具有较高的药用价值，因此又是人们不可缺少的医用、保健食品。泥鳅在我国分布较广，自然产量较大；最近几年，人工养殖的产量也达到一个新的水平，是我国主要的淡水经济鱼类之一。历史上每年我国都有相当数量的泥鳅出口。

（一）泥鳅养殖的历史、现状和前景

泥鳅养殖在国外的历史较长，尤以日本较早，已有近70多年的历史。早在1944年，日本川村智次郎先生即采用脑下垂体制荷尔蒙激素注射液，应用在泥鳅的人工采卵，为养殖生产提供大批苗种开辟了新途径。而后，泥鳅的全人工养殖、规模养殖以及泥鳅优良品种的选育等逐步发展，迄今泥鳅养殖已成为日本很有发展前景的水产养殖业。在朝鲜、俄罗斯和印度等地亦有泥鳅养殖。

在我国，泥鳅以往多产于天然水域中，仅靠其自繁自育自长，产量增长率很低。随着消费水平的提高，需求量增加，泥鳅的自然产量逐步下降，既不能满足国内市场的需求，更不能满足国外市场需要。因此，近年来，我国江苏、浙江、湖南、湖北、四川、山东、广东、上海等省、市的外贸及水产部门，在捕捞野

生鳅蓄养出口的基础上，积极发展人工饲养。人们利用天然的或人工修建的坑、塘、沟、池等小水体，采取综合性的技术措施，开展了泥鳅人工繁殖和养殖的生产试验，大都获得成功；另外，全国许多科研院校结合生产实际，开展了泥鳅的大规模人工繁殖培育苗种的试验研究和其他生物学方面的研究，以及在泥鳅的优良品种选育研究等，取得了可喜的研究成果及经验。这些研究成果再与养殖者的经验相结合投入生产，使泥鳅获得较高的养殖产量。近几年，其产量不断上升，初步形成供销两旺的大好局面。

在我国台湾省农村养鳅很多，主要是因近年来鸡养殖的兴盛。那儿的人们普遍认为泥鳅是鸡最佳饲料之一。尤其在夏天，在鸡饲料中加泥鳅作配方，可防止鸡消瘦现象。同时，鸡粪又是泥鳅的好饲料。因此，养殖者利用鸡粪作肥料，在稻田中养殖泥鳅育了稻，养了鳅。大泥鳅上市，较小的泥鳅还可肥鸡，经济效益较高。

泥鳅生命力很强，对环境适应性高，其食料荤素粗杂易得，养殖占地面积少，用水量不大，易于饲养，便于运输，而且成本低，收益大，见效快，每公顷水面产量可高达 1.5 万千克左右；加上泥鳅市场需求看好，近几年，仅武汉、广州两地，每年市场需求量就在 1 400 吨以上，售价为每千克 16～24 元；泥鳅还可出口创汇，每年销往日本等国的泥鳅达 4 000 吨以上。在水产养殖业中以泥鳅作为养殖对象是较安全而又有利可图的。我国是世界最大的淡水国，有着得天独厚的自然资源，因此，可利用各种浅水水体，如稻田、洼地、坑塘等处因地制宜，就地取材地发展泥鳅养殖，当然有条件可发展规模养殖。可以预料，泥鳅养殖业在我国的水产养殖中，特别是在农村家庭副业中能得到有力的发展，有很好的前景。

（二）泥鳅的经济价值

泥鳅为高蛋白、低脂肪类型的高品位水产营养食品，其价值有如下几个方面：

1. 食用价值 泥鳅味道鲜美，营养丰富，含蛋白较高而脂肪较低，在宴席上是美味佳肴，在日常生活中又是老百姓的大众食品。素有"天上的斑鸠，地下的泥鳅"和"水中人参"之誉称。既味美又滋补，还易获得，价廉物美。泥鳅的可食部分占整个鱼体的80%左右，高于一般淡水鱼类。经测定，泥鳅每100克肉中含有蛋白质22.6克，脂肪2.9克，碳水化合物2.5克，灰分1.6克，钙51毫克，磷154毫克，铁3.0毫克，硫黄素0.08毫克，核黄素0.16毫克，尼克酸5.0毫克，可供热量4 912千焦；还含有多种维生素，其中维生素A70国际单位，维生素$B_1$30微克，维生素$B_2$440微克；此外，还含有较高的不饱和脂肪酸。泥鳅与其他数种水产品的主要营养成分相比，结果见表2-1。泥鳅肌肉中的氨基酸和必需氨基酸含量比较高，与其他水产品相比结果见表2-2。泥鳅肌肉中的鲜味氨基酸含量较高，与其他水产品相比结果见表2-3。

表 2-1 泥鳅与数种水产品的主要营养成分比较（每100g肉中含量）

成分	水分（克）	蛋白质（克）	脂肪（克）	灰分（克）	钙（毫克）	磷（毫克）	铁（毫克）	维生素A（国际单位）	热量（千焦）
泥鳅	78.2	17.6	2.3	1.1	51	154	3.0	70	4 912
河蟹	71.0	14.0	5.9	1.8	129.0	145.0	13.0	5 960	582.0
中华鳖	79.3	17.3	4.0	0.7	15.0	94.0	2.5	20	439.0
青虾	81.0	16.4	1.3	1.2	99.0	205	1.3	260	327.6
鳜	77.1	18.5	3.5	1.1	79.0	143	0.7	未检	435.0
鲫	80.3	15.7	1.6	1.8	54.0	203.0	2.5	未检	259.0
鲤	79.0	16.5	2.0	1.1	23.0	176.0	1.3	140	368.0
带鱼	73.0	15.9	3.4	1.1	48.0	204.0	2.3	未检	418.0
大鳞副泥鳅	78.80	17.40	2.57	1.13	未检	未检	未检	未检	未检

表2-2　泥鳅与其他水产品鲜重时肌肉氨基酸含量比较（％）

名　　称	泥鳅	鲢	鳙	草鱼	青鱼	团头鲂	鲫	鲤
氨基酸总量	16.11	14.79	14.98	12.37	14.04	16.46	13.94	15.01
必需氨基酸总量	7.02	5.64	5.96	4.97	5.68	6.49	5.58	6.04

表2-3　泥鳅与其他水产品鲜重时鲜味氨基酸含量比较（％）

氨基酸	泥鳅	斑点叉尾鮰	鲇	黄颡	胡子鲇
谷氨酸	2.73	2.71	2.42	2.34	2.46
甘氨酸	0.85	0.75	0.59	0.65	0.63
天冬氨酸	1.93	1.86	1.53	1.50	1.59
丙氨酸	1.00	1.04	0.81	0.81	0.84
总和	6.51	6.36	5.35	5.3	5.52

从表2-1、表2-2、表2-3泥鳅肌肉的主要营养成分、氨基酸含量和鲜味氨基酸的含量与其他水产品的比较，不难看出，泥鳅肌肉的营养和鲜味丰富。在食物的诸营养素中，蛋白质是首要的，而蛋白质营养实质上就是氨基酸营养。氨基酸的组成与含量，尤其是10种人体必需氨基酸的含量高低与构成比较，就成为评定食物蛋白质营养价值的重要指标。因此我们可以这样认为：泥鳅的氨基酸总量高于大多数常规鱼类，同时氨基酸组成全面，人体必需氨基酸含量也高，且鲜味氨基酸含量也高于好几种名优鱼类。泥鳅不愧于"水中人参"之美称。

2. 药用价值　自古以来，泥鳅就被人们认为具有较高的药用价值。据《医学入门》查考，泥鳅性甘、平，具"补中、止泄"之功能。明代著名医学家李时珍编著的《本草纲目》中记载：泥鳅有暖中益气之功效，对治疗肝炎、小儿盗汗、痔疮、皮肤瘙痒、跌打损伤、手指疔、阳痿、乳痈等症都有一定疗效。经现代医学临床验证，采取泥鳅食疗，既能强身增加体内营养，又可补中益气，壮阳利尿，对儿童、年老体弱者、孕妇、哺乳期妇女以及患有肝炎、高血压、冠心病、贫血、溃疡病、结核病、皮肤瘙痒、痔疮下垂、小儿盗汗、水肿、结核病、老年性糖尿病等引起的营养不良、病后虚弱、脑神经衰弱和手术后恢复期病人，具有开胃、滋补等效用，尤其在夏季，泥鳅特别肥美，为炎热夏天的良好补品。

3. 出口创汇 泥鳅不仅在国内市场受欢迎，而且在国际市场上也是紧俏的商品，在日本和我国港澳地区尤受欢迎，在日本每年的需求量很大，年销量达 4 000 多吨，但其本国产量仅 1 500 吨左右，其余部分都要从我国进口。在冬季的东京市场上，我国出口的冰鲜开膛泥鳅每千克价高达 2 300～2 400 日元。据统计，出口 1 吨冰鲜开膛泥鳅可换回 26 吨钢材，其价值相当可观。

泥鳅还通过我国港澳地区销往东南亚等地。

二、泥鳅的生物学特性

（一）种类与分布

1. 种类 泥鳅属鲤形目、鲤亚目、鳅科、泥鳅属。本属种类较多，有泥鳅（*Misgurnus anguillicaudatus*）、大鳞泥鳅（*Misgurnus dabryanus*）、内蒙古泥鳅（埃氏泥鳅）（*Misgurnus bipartitus*）、青色泥鳅（*Misgurnus lividus*）、拟泥鳅（*Paramisgurnus dabryanus guichcnot*）、二色中泥鳅（*Mesomisgurnus bipartitus*）等。在全世界有 10 多种，外形相差无几，通常供养殖的主要是泥鳅。

最近几年来在我们国家，又发展养大鳞副泥鳅（*Paramisgurnus dabryanus*）和日本的川崎泥鳅。

2. 分布 泥鳅广泛分布于亚洲沿岸的中国、日本、朝鲜、俄罗斯及印度等地。在我国除青藏高原外，全国各地河川、沟渠、水田、池塘、湖泊及水库等天然淡水水域中均有分布，尤其在长江和珠江流域中下游分布极广，群体数量大，是一种小型淡水经济鱼类。

（二）形态特征

1. 外部形态

（1）体形　泥鳅体较小而细长，前端呈亚圆筒形，腹部圆，后端侧扁。体高与体长之比为 1.7∶8。（图 2-1）。

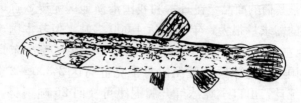

图 2-1　泥　鳅

（2）头部　泥鳅头部较尖，吻部向前突出，倾斜角度大，吻长小于眼后头长。口小，亚下位，呈马蹄形。唇软，有细皱纹和小突起。眼小，覆盖皮膜，上侧位视觉不发达。鳃裂止于胸鳍基部。

（3）须　泥鳅的须有 5 对，其中吻端 1 对，上颌 1 对，口角1 对，下唇 2 对。口须最长可伸至或略超过眼后缘；但也有个别的较短，仅长达盖骨。泥鳅的这 5 对须，对触觉和味觉极敏锐。

（4）鳞　泥鳅头部无鳞，体表鳞极细小，圆形，埋于皮下。侧线鳞 125～150 枚。

（5）体表　泥鳅的体表黏液丰富。体背及体侧 2/3 以上部位呈灰黑色，布有黑色斑点，体侧下半部灰白色或浅黄色。栖息在不同环境中的泥鳅体色略有不同。

（6）鳍　泥鳅背鳍无硬刺，不分支鳍条为 3 根，分支鳍条为8 根，共 11 根。背鳍与腹鳍相对，但起点在腹鳍之前，约在前鳃盖骨的后缘和尾鳍基部的中点。胸鳍距腹鳍较远。腹鳍短小，起点位于背鳍基部中后方，腹鳍不达臀鳍。尾鳍呈圆形。胸鳍、腹鳍和臀鳍为灰白色，尾鳍和背鳍具有黑色小斑点，尾鳍基部上方有显著的黑色斑点。

2. 内部构造

（1）体内组织　泥鳅第一对鳃弓上的外侧鳃耙数 14～16 个，多数在 16～18 个；第 1～4 对鳃弓上的鳃耙呈短棒状突变起，前端稍尖，排列稀疏。泥鳅的咽喉齿 1 行，为 13～15/15～13，生于第 5 对鳃弓上，排列呈 V 形。第 1～6 齿较大，尤以第 2、3 齿最大，高、宽均大于其他各齿，后边各齿逐级变小，排列逐级紧密，每个咽喉齿向内侧弯曲略成钩状。脊椎骨数为 42～49 枚。食道短而细，胃壁厚，前部约 1/3 膨大形成工形胃，在中部有 3～5 圈的螺纹形状的卷曲。肠管粗而短，呈直线状，壁薄而有弹性，后肠逐渐变细。其肠长占体长的百分比例随体长的增加而略有降低。鳔小，呈双球形，前部包于骨质囊内，后部细小游离。

泥鳅的肠壁很薄，具有丰富的血管网，能进行气体交换，有辅助呼吸的功能。

泥鳅的眼退化变小，而 5 对须极其发达，须的尖端有能辨别饵料发出的微弱的化学分子变化的味蕾。可有效地弥补其视力衰退的不足，是寻觅食物的灵敏的"探测器"。

（2）骨骼　泥鳅的骨骼共有 234 块，其中包括：头骨 30 块，眼窝内骨系 10 块，鳃盖骨系 12 块，颚弓 8 块，舌弓 15 块，鳃弓 26 块，中轴骨 109 块，肩腰带 16 块，魏氏器 8 块（背肋 30 余根全部除外）。

① 头骨：头骨全长仅 25 毫米，前端由犁骨、鼻骨和前鼻骨组成 1 个约有 6 毫米^2 左右的三角形的面积，在三角形的中间隔以鼻骨大脊状隆起，该隆起正嵌于左右额骨的愈合缝之间。而在三角形顶端有 3 个呈品字形的小圆突，此是前鼻骨的外端。头骨总的形状是前端尖而后端宽（图 2-2、图 2-3、图 2-4）。

头骨有前鼻骨 2 块，鼻骨 1 块，犁骨 2 块，前额骨 2 块，眶蝶骨 2 块，泪骨 2 块，额骨 2 块，顶骨 2 块，上枕骨 2 块，外枕骨 2 块，基枕骨 1 块，鳞骨 2 块，腭骨 1 块，副蝶骨 1 块，前耳骨 2 块，上耳骨 2 块，翼蝶骨 2 块（图 2-5）。

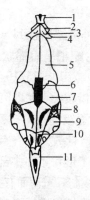

图 2-2　泥鳅头骨背面观

1. 前鼻骨　2. 犁骨　3. 鼻骨

5. 额骨　4. 前额骨

6. 骨块之间的未愈合缝

7. 顶骨　8. 上枕骨　9. 鳞骨

10. 外枕骨　11. 基枕骨

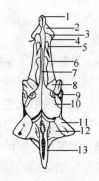

图 2-3　泥鳅头骨腹面观

1. 前鼻骨　2. 犁骨　3. 眶蝶骨

4. 前额骨　5. 腭骨　6. 额骨

7. 副蝶骨　8. 翼蝶骨　9. 鳞骨

10. 前耳骨　11. 上耳骨

12. 外枕骨　13. 基枕骨

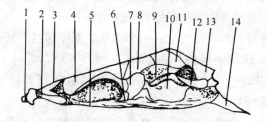

图 2-4　泥鳅头骨侧面观

1. 前鼻骨　2. 犁骨　3. 鼻骨　4. 额骨

5. 副蝶骨　6. 翼蝶骨　7. 基蝶骨　8. 顶骨

9. 鳞骨　10. 翼骨的镶嵌痕　11. 上枕骨

12. 上耳骨　13. 外枕骨　14. 基枕骨

　　眼窝内骨系和眼窝外骨系：泥鳅的眼睛很小，在眼周围找不到有骨骼的痕迹，泥鳅上下颚周围有触须可助其营感觉作用，另外泥鳅经常居住于泥土中，因此眼睛很小，所以其眼窝外骨系很可能是退化了。但眼窝内骨系则完全与鲤科鱼类的一样，仍有 5

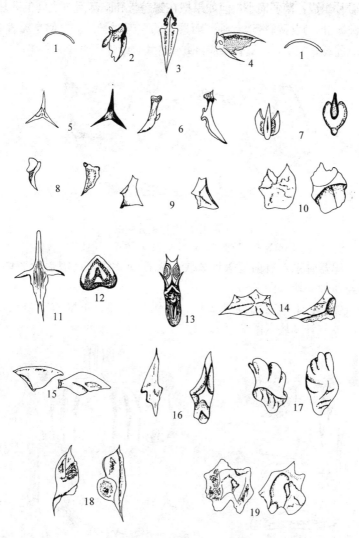

图2-5 泥鳅头骨分解图

1. 泪骨 2. 鼻骨斜面观 3. 鼻骨正面观 4. 鼻骨侧面观 5. 前额骨（背腹面）
6. 犁骨 7. 腭骨 8. 眶蝶骨 9. 前鼻骨 10. 前耳骨 11. 副蝶骨 12. 上枕骨
13. 基枕骨 14. 翼蝶骨 15. 上耳骨 16. 额骨 17. 顶骨 18. 鳞骨 19. 外枕骨

对骨片组成，薄弱而小，但如果把在鳃盖骨和眼窝后方之间的3块肌肉掀开，则很清楚地看到薄而透明的这五对骨片。它们是翼骨2块，前翼骨2块，后翼骨2块，方骨2块，续骨2块（图2-6）。

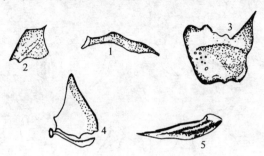

图2-6　眼窝内骨系分解图

1.前翼骨　2.翼骨　3.后翼骨　4.方骨　5.续骨

鳃盖骨系：有前鳃盖骨2块，鳃盖骨2块，后鳃盖骨2块，间鳃盖骨2块（图2-7）。

颚弓：上颚有前颌骨2块，上颌骨2块；下颚有下颌骨2块，关节骨2块（图2-8）。

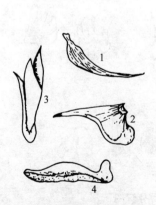

图2-7　泥鳅鳃盖骨系分解图

1.前鳃盖骨　2.鳃盖骨

3.间鳃盖骨　4.后鳃盖骨

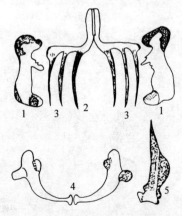

图2-8　泥鳅颚弓分解图

1.前颌骨　2.上颌骨　3.附在上颚骨上的6条触须　4.齿骨　5.关节骨

舌弓：共有 15 块骨片组成，其中舌内骨 2 节，基舌骨 1 块，角舌骨 3 对和鳃皮辐射骨 3 对（图 2-9）。

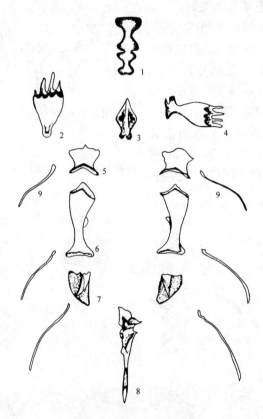

图 2-9　泥鳅舌弓分解图

1. 舌内骨（2 节）　2. 基舌骨的纵侧面　3. 基舌骨的正面观

4. 基舌骨的横面观　5. 第 1 节角舌骨（上舌骨）

6. 第 2 节角舌骨（角舌节骨）　7. 第 3 节角舌骨（舌下骨）

8. 舌颚骨（2 节）　9. 3 对鳃皮辐射骨

鳃弓：第 1～4 对鳃骨的下鳃骨内弓上有小锯齿状突起。下鳃骨细长，上鳃骨背面有 1 个关节窝。第 5 对鳃弓即喉齿，共 15 枚，排列一行呈弓形线。第 1 齿很小，第 2～4 齿最大，同时高于其他各齿。从第5齿开始逐渐变小。在第3齿的外侧和第1齿的下方各有细长的突起，该2个突起之间形成半圆形。另外左右的第5对鳃弓的自然状态是相接着的。舌颚骨有2节，第1节较粗，第2节细小。鳃弓结构见图2-10。

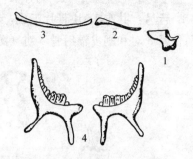

图2-10　泥鳅鳃弓分解图

1. 第1节鳃弓（上鳃骨）
2. 第2节鳃弓（角鳃骨）
3. 第3节鳃弓（下鳃骨）　4. 第5对鳃弓

②中轴骨：泥鳅的椎骨约有49～51个。第4～29椎体上着生有24～26对腹肋。

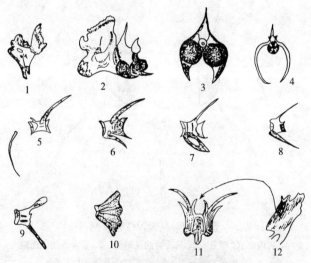

图2-11　泥鳅椎体分解图

1. 第2椎体侧面（示第2棘突）　2. 第1和第2椎体愈合图

3. 第2椎体正面观（示2个泡状突起）

4. 第3椎体（示腹肋，神经孔，前关节突）　5. 第4～27椎体（示腹肋）

6. 第28椎体　7. 第29、30椎体　8. 第31～49椎体　9. 第50椎体

10. 尾椎　11. 第1椎体的分解图（示三角骨）　12. 第1椎体上的第1棘突

中轴骨全长约164毫米。第20～23椎体背方的神经棘之间插有背鳍的鳍条7根。第26～28椎体的腹肋之间嵌着腹鳍的鳍条5根。第31～33椎体的脉弓之间嵌有臀鳍的鳍条5根（图2-11）。

泥鳅的中轴骨自第3椎骨开始有前关节突，但还不太显著。第4～27椎体的前关节突已很显著了。第28～30椎体有显著的前关节突和不显著的后关节突，第31～50椎体的后关节突也很清楚了。另外，第4～49椎体上还有横突。第32椎体才开始有基突，第33～50椎体的基突很显著。

③四肢骨：分肩带和腰带。肩带有上锁骨2块，锁骨2块，乌喙骨2块，肩胛骨2块，鳍担骨3块，腰带仅有无名骨2块（图2-12）。

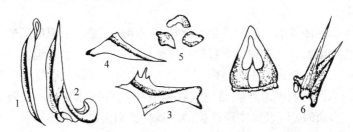

图2-12　泥鳅肩腰带分解图

1. 上锁骨　2. 锁骨　3. 肩腰带　4. 乌喙骨　5. 鳍担骨　6. 无名骨

④魏氏器：有三角骨2块，舟状骨2块，间插骨2块，带状骨2块（图2-13）。

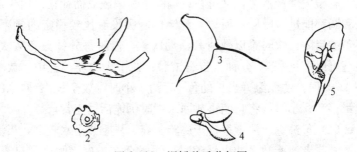

图2-13　泥鳅魏氏分解图

1. 三角骨　2. 带状骨　3. 舟状骨　4. 间插骨　5. 舟状骨正面

（三）生态习性

1. 生活习性

（1）底栖性　泥鳅属于温水性底层鱼类，喜欢栖息在沟渠、塘堰、湖沼、水田等软泥多的水体浅水区，或是腐殖质多的淤泥表层。一般情况，几乎不游到水体的上、中层活动。

（2）喜温性　泥鳅适宜水温为 15～30℃，最适水温为 25～27℃。当夏天水温超过 34℃，冬天水温低于 6℃，或枯水期天旱干涸时，泥鳅会潜到 10～30 厘米深的泥层中呈不食不动的休眠状态。在休眠期间，只要泥层中稍有水分湿润皮肤，就能维持生命。这是因为，泥鳅除了能够用鳃呼吸外，还能用皮肤和肠呼吸。

（3）耐低氧　肠呼吸是泥鳅特有的生理现象。泥鳅的肠壁薄而血管丰富，具有辅助呼吸进行气体交换的功能，当水温上升或水中缺氧时，泥鳅垂直游窜到水面吞吸空气，下沉时会发出身体拍击水面的响声。吞吸的空气在肠管中进行气体交换，吸收氧气，多余的废气及肠中所产生的二氧化碳则由肛门排出体外。有试验证明：在水温 24.5℃时，泥鳅幼鱼的窒息点为 0.48 毫克/升，成鱼的窒息点为 0.24 毫克/升。比青鱼、草鱼、鲢、鲫等（0.58～0.99 毫克/升）要低，仅比鳙（0.23 毫克/升）高。因此，泥鳅耐低氧能力远胜于其他养殖鱼类，既适合于高密度养殖，有很大增产潜力，又可在运输时不易因缺氧而死亡。由于皮肤和肠都能进行呼吸，所以，泥鳅的呼吸没有比较稳定的频率，鳃盖的启闭，快时难以数清其活动次数，慢时每分钟只有数次，甚至可以停止 1～2 分钟。曾有试验：在干燥的玻璃缸中，放全长 4～5 厘米的泥鳅（当年幼鱼）存活 1 小时，放全长 12 厘米的成鳅存活 6 小时，将它们再放回水中时仍能活动正常。

（4）善逃逸　泥鳅很善于逃跑。春、夏季节雨水较多，当池水涨满或者池壁被水冲出缝隙时，泥鳅会在一夜之间全部逃光，尤其是在水位上涨时会从鳅池的进出水口逃走。因此，养泥鳅时务必加强防逃的管理。检查进出水口防逃设施是否有堵塞现象，是否完好，要及时排水，防止池水溢出，造成泥鳅逃逸。

（5）夜食性 泥鳅习惯在夜间吃食，但在产卵期和生产旺盛期间白天也摄食。在人工养殖时，经过驯化也可改为白天摄食。无论是幼鳅，还是成鳅，对于光的照射都没有明显的趋光或避光反应。

2. 食性 泥鳅对食物的要求不十分挑剔，水中的泥沙、腐殖质、有机碎屑都是其食物，摄食的饵料生物种类有：硅藻类、绿藻类、蓝藻类、裸藻类、黄藻类、原生动物类、枝角类、桡足类和轮虫等。泥鳅在全长为3～5厘米时，喜食腐殖质，其次为小型甲壳动物、昆虫等，胃肠食物团中，泥沙和腐殖质的重量比例高达70%左右，生物饵料的重量只占30%。全长5～8厘米时喜食水中浮游动物、丝蚯蚓等，偶尔也食藻类、有机碎屑和水草的嫩叶与芽等。当全长8～10厘米时，食性偏杂，主食大型浮游动物、碎屑、藻类和高等水生植物的根、茎、叶、种子，也食部分微生物。生活在不同水体的泥鳅，其食物组成有所不同。有研究人员做不同水体的泥鳅食性观察，发现稻田、池塘排水沟和污水沟的泥鳅肠道中的食物成分各有不同。稻田的泥鳅肠中食物组成见表2-4；池塘排水沟的泥鳅肠中食物组成见表2-5；污水沟中的泥鳅肠中食物组成见表2-6。

表2-4 稻田中泥鳅肠中食物分析（$n=28$）

食物种类	出现数量（尾）	出现率（%）	摄食强度（尾）			
			很多	多	较多	仅出现
水绵	11	39.3			2	9
喇叭虫	2	7.1				2
轮虫	2	7.1				2
线虫	7	25				7
水蚯蚓	1	3.6				1

（续）

食物种类	出现数量（尾）	出现率（%）	摄食强度（尾）			
			很多	多	较多	仅出现
扁螺	1	3.6				1
低额溞	3	10.7				3
粗毛溞	1	3.6				1
尖额溞	16	57.1				16
盘肠溞	2	7.1				2
弯尾溞	5	17.9			5	
介形虫	22	78.6		4	10	8
剑水蚤	24	85.7			11	13
蚊幼虫	6	21.4			1	5
水生昆虫	4	14.3				4

表2-5　池塘排水沟中泥鳅肠道内食物组成分析（$n=31$）

食物种类	出现尾数（尾）	出现率（%）	摄食强度（尾）			
			很多	多	较多	仅出现
双星藻	11	35.3			2	9
水绵	4	12.9	2			2
线虫	9	29			1	8
扁螺	1	3.6				1
尖额溞	29	93.5	15	2	4	8
盘肠溞	21	67.7	2	7	7	5
弯尾溞	25	80.6	13	2	4	6
介形虫	28	90.3	4	6	10	8
剑水蚤	24	85.7	1	4	10	9
剑水蚤卵	6	19.4			2	4
无节幼体	1	3.0				1
甲壳残肢	17	54.8			1	16
水生昆虫	13	41.9			3	10
活性污泥	3	9.7	3			

从表2-4可看出，泥鳅在稻田中以摄食介形虫、剑水蚤、尖额溞为主，以摄食水绵为辅，偶尔摄食其他一些水生动物。这说明泥鳅在稻田中是摄食水生动物为主，水生植物为辅的杂食性鱼类。

从表2-5可看出，泥鳅在池塘的排水沟中主要摄食弯尾溞、尖额溞、剑水溞、介形虫、盘肠溞及其他小型甲壳动物和水生昆虫，兼食双星藻，是典型的杂食性鱼类。

表2-6 污水沟中泥鳅肠道内食物组成分析（$n=15$）

食物组成	出现尾数（尾）	出现率（%）	摄食强度（尾）			
			很多	多	较多	仅出现
裸腹溞	1	6.7				1
尖额溞	2	13.3				2
弯尾溞	3	20	1			2
蚊幼虫	12	80	5	3	2	2
蚊成虫	1	6.7				1

从表2-6可看出污水沟的泥鳅主要摄食蚊幼虫。

泥鳅在不同水体的不同生态环境条件下，其食物各有一些差异，但可以认定其是偏动物食性的杂食性鱼类，主食昆虫幼虫、小型甲壳动物、藻类及高等植物。环境中食物的易得性及喜好性是影响泥鳅食物组成的重要原因。自然界中泥鳅喜食动物型活饵料有以下两个原因：一是活饵料易感知；二是适口性好。通过观察发现，泥鳅摄食水生昆虫时并不是主动向目标移动，而是当昆虫游至泥鳅触须感知的范围内激起水波，泥鳅感知后，才突然前冲，将昆虫吞入口中。因此，泥鳅的摄食方式是半主动的方式。另外，泥鳅的食物组成表明，其对环境条件的适应能力较强，在动植物饵料均缺乏的情况下，也能摄食有机碎屑和活性淤泥来维持其能量供应。因此可以认为，泥鳅不仅能适应水质恶劣的环境，而且还可以摄食多种饵料以维持其生长。

在人工养殖条件下，可以利用施肥培养生物饵料来喂养幼鳅；培育成鳅可投喂螺蛳、蚯蚓、蚕蛹粉、河蚌肉及禽畜内脏等肉食类饲料，并搭配一定比例价格较低廉的植物饲料，如米糠、麸皮、豆渣、三等面粉及老菜叶、弃置的瓜果类等。泥鳅与其他鱼类混养，则可以食鱼类的粪便、残渣剩饵，所以泥鳅被称做池塘中的清洁工。

泥鳅无论是摄食天然饲料，还是摄食人工饲料，都表现出对动物性饲料有明显的喜食性。由于泥鳅的食性杂，所摄取的饵料来源广且又丰富，对泥鳅的快速生长，产量较高起十分重要的作用。

3. 摄食与消化　泥鳅的摄食量一般都比较大，随着个体的增大，一次饱食量占体重的百分比逐渐降低，一次饱食时间逐渐延长。相反地，日粮占体重的百分比例则有随着个体增大而升高的趋势。在饵料生物丰富的条件下，体长 7～12 厘米的成鳅日平均饱满度指数在 10 左右。

泥鳅在一昼夜中有两个明显的摄食高峰，即在 7～10 时和16～18 时，早晨的 5 时前后有一个摄食低潮。

泥鳅对动物性饵料的消化速度较植物性饵料快，其中对浮萍的消化速度最慢，约需 7 个小时。消化蚯蚓速度较快，约需 4.5 个小时。

4. 生长　一般刚孵化出的鳅苗，体长约 0.3 厘米，生长 1 个月可达 3 厘米左右，再生长 1 个月可达 5.5 厘米左右。当年的泥鳅可以长至 10 厘米，体重 9.6 克以上，达性成熟。成熟以后的泥鳅其生长速度自然就会减慢（当年泥鳅的日增长速度在 5 月份时为 0.186 7 厘米）。因此，泥鳅的养殖周期为 1 年。第二年的生长速度较第一年的慢得多，体长可长到 13 厘米以上，体重50 克左右。据报道，泥鳅最大个体长达 20 厘米，重 100 克左右。

5. 生殖（繁殖习性）　泥鳅为多次性产卵鱼类。在自然条件下，4月上旬开始繁殖，5～6月是产卵盛期，一直延续到9月还可产卵。繁殖的水温为18～30℃，最适水温为22～28℃。

雌鳅性成熟较雄鳅迟，体长5厘米时，雌鳅体内有一对卵巢，体长8厘米时，2个卵巢愈合在一起，成为1个卵巢，并由前端向后端延伸，这时整个卵巢发育开始成熟。

雌鳅怀卵量因个体大小不同而有很大差异。最小性成熟个体体长8厘米，怀卵量约2 000粒左右，10厘米的怀卵量为7 000～10 000粒，体长12厘米的怀卵量12 000～14 000粒，体长15厘米的怀卵量为15 000～18 000粒，体长20厘米怀卵量为24 000粒左右。怀卵量最多的可以超过6.5万粒。卵圆形，卵径0.8～1.0毫米左右，吸水后膨胀到1.3～1.5毫米，卵黄色，为半黏性，黏附力不强。由于卵在卵巢内成熟度不一致，每次排卵量约为怀卵数的50%～60%。

雄鳅最小性成熟个体体长在6厘米以上，性成熟较雌鳅早，雄鳅精巢一对，位于腹腔两侧，呈带状且不对称，右侧的精巢比左侧的长而狭窄，重量也轻一些，当雄鳅体长为9～11厘米时，精巢内的精子约有亿个。

泥鳅产卵喜在雨后晴天的早晨，产卵前，雌鳅在前面游动，数尾雄鳅在其后紧追不舍，发情时，雌雄鳅多活动在水表面和鱼巢周围，当发情达到高潮时，雌雄鳅的头部和躯体互相摩擦并相继游出水面。雄鳅追逐纠缠雌鳅，并卷曲于雌鳅腹部，以刺激雌鳅产卵（图2-14），同时雄鳅也排出精子，进行体外受精，这种动作因个体大小不同而次数也不相等，个体大的可在10次以上，受

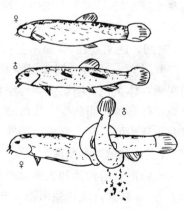

图2-14 泥鳅产卵示意图

精卵先黏附在水草或其他附着物上，随着水的波动，极易从附着物上脱落沉到水底。

三、泥鳅池的规模与营建

（一）场地的选择

选择适宜的地点建池，是饲养泥鳅的首要问题。根据泥鳅的生活习性，选择鳅池场地时应注意以下几点：

1. 位置选择 对场所的要求是日照良好，温暖通风，空气清新，交通方便，水源充足，排水容易，周边地区无工业和城市污染源，不受农药或有毒废水的侵害。具体遵照《绿色食品 产地环境技术条件》（NY/T 391—2000）的标准执行（附录一）。

2. 水源 泥鳅适应性强，无污染的江、河、湖、库、井及自来水均可用来养泥鳅。我国绝大部分地区的水域都能饲养泥鳅，只有在冷泉冒出及旱涝灾害特别严重的地方，不宜养鳅。具体遵照《渔业水质标准》（GB 11607）执行（附录二）。

3. 水质 泥鳅对水质的要求不十分严格，但目前实行无公害食品养殖，泥鳅也不例外。因此参照《无公害食品 淡水养殖用水水质》（NY 5051—2001）标准执行（附录三）。根据泥鳅的生态习性，养殖用水溶解氧可在 3.0 毫克/升以上，pH 在 6.0～8.0 之间，透明度在 15 厘米左右。

4. 土质 土质对饲养泥鳅效果影响很大。在黏质土中生长的泥鳅，体黄色，脂肪多，骨骼软，味道美；在沙质土中生长的泥鳅，体乌黑，脂肪少，骨骼硬，味道差。因此，养鳅池的土质以黏土质为好，呈中性或弱酸性。

（二）泥鳅池的营建

泥鳅池分苗种池和成鱼池两种，苗种池面积 30～60 米^2，水深 15～40 厘米；成鱼池面积 100～200 米^2，大的可达 600～700 米^2，水深达 30～40 厘米。大池主要用于饲养商品鳅或种鳅。

1. 泥鳅池的修建　养泥鳅的池塘以水泥池或石砌护坡黏土池比较合适，有利于做防逃设施，其结构如下：

（1）堤防及防逃设施　除水泥池外，其他的鳅池都要建造堤防，以防泥鳅逃跑。堤防和水泥池壁要高出水面 40 厘米，其上最好加设伸向池中的防逃网。堤防中间要镶入木板或薄水泥板或塑料薄膜，与堤防一样高，铺满并插入泥中深 20～30 厘米。

（2）进出水口　鳅池的一端设一个进水口，另一端设一个出水口，出水口要适当低于进水口，以利于加新水和排污水。进出水口都要装有金属或尼龙网，以防止污物及野杂鱼随水流注入鳅池或泥鳅的外逃。

（3）集鱼坑　为便于捕捞及泥鳅在高温季节的隐藏，在池中央通向出水口端，挖设集鱼坑。集鱼坑面积为全池面积的 1/5～1/3，水深 40 厘米左右。

（4）底泥　泥鳅有钻土的习性。因此，要在池底铺上 20～30 厘米的肥泥，集鱼坑底也铺上 10～20 厘米的肥泥。

（5）苗种池与成鱼池的连建　将泥鳅的苗种池与成鱼池连在一起，两池之间用闸门隔开，这样，把苗种移到成鱼池时，减少了捕捞操作，也不会造成苗种受伤致病。其要求如下：①苗种池占总面积的 20% 左右。②池壁用水泥制作，高约 80 厘米，厚约10 厘米。③苗种池底部为水泥底，成鱼池底可以是土质的。④苗种池底要比鱼池底高出 20 厘米左右，这样将苗种移到成鱼池时，只要降低成鱼池水位，放干苗种池水即可完成。

2. 套养泥鳅池的改建　饲养泥鳅也可在种植莲藕池和稻田里进行。直接在藕池和稻田中套养，泥鳅易逃跑，因此要进行改建，做到防逃，易捕。

（1）做好防逃设备　藕池或田中套养泥鳅时，田埂要层层夯实，埂边用木板或水泥板或塑料薄膜拦住，大小高低以铺满田埂为宜，并插入泥中深 20～30 厘米，进出水口装有栏网设备。

（2）做好集鱼坑沟　要在与出水口相通的藕池挖一个深30～

40 厘米的坑，在稻田中央挖一条深 30～40 厘米的宽沟，面积大约占总面积的1/10～1/15 左右。深水坑和深水沟的用途是作为泥鳅越夏与捕捞的方便。水沟和水溜相通。

（3）藕池与稻田水深在 10 厘米左右，集鱼坑沟的水深要保持在30～40 厘米。

四、泥鳅的人工育苗

（一）泥鳅亲鱼的选择和培育

泥鳅亲鱼的来源：一是从池沼、稻田、湖泊等天然水体中捕捉；二是从水产收购部门购买；三是专池培育。

1. 亲鳅的选择　亲鳅除了要求体形端正，体质健壮，无病无伤，体色正常等之外，还要注意以下几点：

（1）雌鳅　1 冬龄的雌鳅已达性成熟，个体大的雌鳅怀卵量大，繁殖的鳅苗质量好，生长快，因此要选择 2～3 冬龄，体长 10 厘米以上，最好15～20 厘米；体重 18 克以上，最好30～50克的亲雌鳅；腹部膨大且柔软有弹性，体色呈橘黄色具有光泽，腹部白色，特征明显的个体。

（2）雄鳅　也要选择 2～3 冬龄，体长 10 厘米以上，最好15～20 厘米；体重 12 克以上，最好 20～40 克的亲雄鳅，行动敏捷的个体。

2. 亲鳅的培育　选择泥鳅亲鱼后可将雌雄分开或混在一起培育。培育池应设专池，不能用网箱或竹笼代替。培育前可以用高锰酸钾每立方米水体 20 克药浸泡，以杀灭病原体，培育时每667 米^2（即 1 亩）放养量不宜超过 200 千克。在亲鳅培育过程中，应加强施肥，切忌施生肥，一定要施发酵好的熟肥。保持水质中性或微碱性，水色呈黄褐色或绿褐色。亲鳅可投喂蚯蚓、蝇、蛆、畜禽下脚料或豆粕、麦麸等饵料。适当添加酵母粉及维生素。在水温 15～17℃时，饲料中的动物蛋白含量控制在 10%

左右，植物蛋白含量在 30％左右；水温在 20℃左右时，动物蛋白量增至 20％，植物蛋白含量减至 20％。日投饵为泥鳅体重的 5％～7％。水温在 25℃左右时，动物蛋白量增至 30％，植物蛋白含量减至 10％。日投饵为泥鳅体重的 6％～8％。

3. 泥鳅亲鳅的雌雄鉴别　在泥鳅的生殖季节，雌雄之间有许多不同的特征，可以通过以下几个方面用肉眼来鉴别：

（1）体形　雄鳅较小，背鳍末端两侧有肉质突起，雌鳅较大，背鳍末端正常，无肉质突起，产过卵的雌鳅腹鳍上方体身还有白色斑点的产卵记号，未产卵的则没有。

（2）胸鳍　雄鳅胸鳍较大，第二鳍条最长，前端尖形，尖部向上翘起，雌鳅胸鳍较小，前端圆钝呈扇形展开（图 2 - 15）。

（3）腹部　产卵前雄鳅腹部不肥大且较扁平，雌鳅产卵前，腹部圆而肥大，且色泽变动略带透明黄的粉红色（图 2 - 16）。

4. 泥鳅成熟度鉴定及雌鳅的怀卵量　解剖泥鳅的卵巢，发现泥鳅的卵巢中存在着几种不同大小的卵，有的呈金黄色半透明，几乎游离

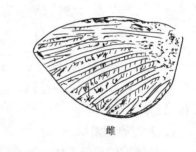

雌

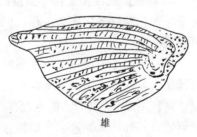

雄

图 2 - 15　泥鳅的胸鳍

在体腔中，这是已成熟的卵；有的是白色不透明，卵粒较小，紧包在卵腔中，这是还没有成熟的卵。雄鳅的精巢为长带形、白色，呈薄带状的不成熟个体居多，呈串状的成熟个体为少。这就是说泥鳅为分批产卵的类型。泥鳅的怀卵量因个体大小不同而有差异。体长在 10 厘米以下的雌鳅怀卵量为 0.6 万～0.8 万粒；

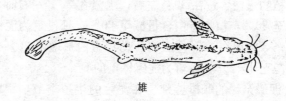

雄

雌

图 2-16 泥鳅的体形

12～15 厘米的雌鳅怀卵量为 1.0 万～1.2 万粒；15～20 厘米的雌鳅怀卵量为 1.5 万～2.0 万粒。人工喂养的雌鳅怀卵量可达 4 万粒以上。

（二）泥鳅的繁殖

1. 繁殖前的准备工作 繁殖泥鳅必须提供适宜的环境条件，为产卵孵化做好各项准备工作，以保证顺利产卵和孵化，提高鱼苗的成活率。

（1）产卵池的准备 可采用家鱼人工繁殖用的产卵池，或者选择稻田、池塘、沟渠，水深保持在 15～20 厘米。也可用网片或竹篱笆围成 3～10 米^2 的水面作为产卵场所。若能保持微流水则更佳。另外，水泥池、大塑料盒、桶、水缸或其他容器均能作为产卵用设施。产卵场所使用前都要消毒，水深 20 厘米时用生石灰消毒，每立方米水体施 15～20 克。也可以用漂白粉消毒，每立方米水体施 4 克药。

（2）鱼巢的准备 鱼巢宜选用质地柔软、不易腐败、能漂浮在水中的材料，如棕榈片、杨柳根须、金鱼藻等，近年来也有用柔软的绿色尼龙编织带，织成宽 5 厘米、长 80 厘米的人工鱼巢，用前都要经过消毒处理。用 2‰浓度的食盐水浸泡 20～40 分钟，也可用高锰酸钾每立方米水体 20 克药化水浸泡 20 分钟左右；还可用漂白粉消毒，每立方米水体 4 克药化水浸泡 20～30 分钟。浸泡后吊在池中离水 10 厘米处，上方用芦席或草包遮阴，备用。

2. 泥鳅的繁殖方式 泥鳅的繁殖有自然繁殖和人工繁殖。

（1）自然繁殖 分完全自然繁殖和半自然繁殖两种方法。

完全自然繁殖：又叫诱集繁殖，是利用泥鳅的自然资源，人工诱集其产卵群体并获得受精卵的方法。采用此法时，首先在产卵季节，利用泥鳅的产卵习性，即喜在岸边的水草丛中产卵，相应的选择环境僻静的水草区，先在浅水处投施 2 筐草木灰，然后在诱产区施 0.6～0.8 千克的猪、牛、羊等畜粪水，这样能诱集大量泥鳅到此区域的水草丛中产卵繁殖，但应对此自然区域采取相应的保护措施，以防青蛙等敌害侵入，影响繁殖效果。也可利用人工鱼巢收集自然水域中的受精卵，移到特定的容器中孵化，这样可提高孵化率。

半自然繁殖：是在人工条件下，让成熟的泥鳅自行交配产卵的方法。此法需要建造产卵池和孵化设施，繁殖之前，产卵池与孵化设备都要消好毒备用。亲鳅的雌雄配比如雄鳅个体较大，按 1∶1.5 或 1∶2，若雄鳅体长仅 10 厘米左右，则雌雄比可调整为 1∶3～4，增加雄鳅的数量。每平方米可放 7～10 组。为保证正常繁殖，水温宜稳定在 18℃以上时进行，在北方大概要到每年的 5 月中旬，长江两岸水域在每年的 4 月下旬，南方在每年的 3 月底、4 月上旬就可以进行。将鱼巢绑扎在竹竿上，悬吊在产卵池的中间或四角，使之浸没在水面下。另外，因泥鳅卵黏性差，因此要注意检查和清洗沉积在鱼巢上的污物，以免影响受精卵的黏附效果。

泥鳅一般在晴天的早晨产卵，上午 10 时左右产卵结束。当产卵基本结束后，就立即将粘有卵粒的鱼巢移到孵化池或其他孵化设施中进行孵化，并更换和补充新鱼巢放到产卵池中，以收集尚未产卵的亲鳅的卵。最后一批泥鳅产卵后，可以就在产卵池内进行孵化，但一定要将产卵池内的亲鳅全部捕出，以防亲鳅吞食鱼巢上的卵粒，影响出苗率。

（2）人工繁殖　分半人工繁殖和完全人工繁殖两种方法。

半人工繁殖：是采用人工催产自然繁殖泥鳅的方法。选择成熟亲鳅，按雌、雄的比例 1：1.2～1.5 组成。注射催产药物：鲤或鲫脑垂体（简称 PG），每尾鳅用 1～2 个，或绒毛膜促性腺激素（简称 HCG）每尾注射 800～1 000 国际单位，或促黄体生成素释放激素类似物（简称 LRH-A），每尾注射 80～150 微克。另外，最近几年有不少试验生产者通过实践证明，以上的催产药物在单独使用时没有与其他药物混合使用时效果好。因此，试验出这样几种配合方法：第一种是用 LRH-A 8 毫克/尾加上 HCG 500 国际单位/尾，催产的效果好，催产率达 85％以上；第二种是用 LRH-A 5 毫克/尾加上地欧酮（简称 DOM）3 毫克/尾，催产的效果较好，催产率达 80％以上；第三种是 HCG300 毫克/尾加上地欧酮 3 毫克/尾，催产的效果最好，催产率达 90％以上。以上的药物无论用哪一种，均要溶解在生理盐水中。雄鳅的剂量在雌鳅的基础上减半。

由于泥鳅的个体小，每尾泥鳅注射液的量应不超过 0.5 毫升，以 0.2～0.3 毫升为宜，以免发生身体肿胀或药液溢出。注射用 4 号不锈钢针头，1 毫升的玻璃注射器（用前煮沸消毒），为了有效地控制进针的深度，可把针头锉短到 0.2～0.3 厘米长，或在针头的基部套上胶管，使针头仅露出 0.2～0.3 厘米的针尖，防止进针过深。注射部位以背部肌肉为好，其次腹部中线胸、腹鳍之间也可。泥鳅身体黏液多，很滑，为不损伤鳅体，要用湿纱布包住进行注射。进针时注射器与鳅体呈 30°角为佳。

为了方便注射可用少量的麻醉剂，先对亲鳅进行麻醉。麻醉后即注射催产针，然后放入产卵池中，很快即可苏醒。麻醉药可用可卡因 0.1 克溶于 50 千克水中配制成麻醉液，催产的亲鳅在麻醉液仅需 2～3 分钟即被麻醉。还可用普鲁卡因或是 MS-222，按说明书的方法使用。无论是用哪种催产药，在用之前都要先用少量的药物做 1～2 次试验，充分掌握好药量和时间后，再用于生产。

人工催产后，将亲鳅放回产卵池中产卵。亲鳅在水温 20℃时，约经 18 个小时左右开始产卵、受精；水温在 25℃时，约 12 个小时左右开始产卵、受精；若水温在 27℃时，只需 9 个小时左右即能产卵、受精，其后的操作与半自然繁殖方法相同。

完全人工繁殖：是在人工催产措施的基础上，进行人工采卵授精的一种方法。

人工授精前，应准备鱼巢和授精所用的器具，并将用具清洗干净，放在阴凉处。授精操作不能在太阳下直接进行，以免阳光杀伤卵子和精子，因此还要准备遮阳伞。

人工授精的方法，是将人工催产后的亲鳅按雌雄配比放入网箱或其他较大的容器中，经过 12～14 小时后，当亲鳅发情、剧烈追逐时，手持纱布将亲鳅捕起，用手从前向后轻压雌、雄鳅腹部，把卵子和精子挤入瓷碗、瓷盆或脸盆内，并用羽毛轻轻搅拌使卵子和精子混匀，或者是将雌雄鳅捕起后剖开腹部，取出卵粒、精子混匀，待充分受精后，撒在鱼巢上即可进行孵化。注意获取鳅卵和精子的工作，要同步进行。因此，要预计好雌雄鳅发情的时间和操作时间，尽量一致，不能有时间差。

受精过程中，在容器内放入少量生理盐水，让精、卵结合为湿法授精；或不放生理盐水，直接让精、卵结合为干法授精，两种方法均有较好效果。

3. 泥鳅繁殖方法比较 泥鳅的繁殖方法虽多，但采用完全人工繁殖方法较好。采用自然繁殖方法虽较简便，但因受到许多环境因素的影响，其受精率低。还有一些受精卵未黏附在鱼巢上而受损失，影响到苗种获得率。不能满足规模养殖泥鳅时对苗种的需求。

采用人工催产自行产卵受精，即半人工繁殖的方法，常会因雄鳅个体小数量又不多，导致受精率较低，加之泥鳅自然产卵受精时的交尾行为特殊，每次交尾仅产出一部分卵，属间歇性产卵行为，雌雄泥鳅在整个产卵受精过程中要交尾 9 余次左右，持续时间达 3～4 个小时或更长。此外，由于不同个体在效应时间上的差异，使得产卵活动延续时间较长，结果常出现亲鳅吞卵的现象，或影响交尾时的受精率，效果不佳。

人工授精法可以弥补上述方法的不足，提高受精率，但要掌握好适宜的采卵授精时间，若未到效应时间，则卵粒不易挤出，即使勉强挤出一小部分卵粒，这些卵均无法受精；在效应时间内采卵，轻压腹部卵粒则顺畅流出，且卵粒大小均匀，具弹性，半透明，受精率高；当效应时间 3～4 个小时后再采卵，则挤出的卵粒弹性差呈"糊状"。这些过熟卵受精率很低。所以，当效应时间临近，亲鳅开始发情，轻压雌鳅腹部卵粒能顺畅流出，即为最佳采卵授精时间。

由于泥鳅为分批产卵类型，因此在挤卵时要注意观察，当发现流卵不畅或流出的卵粒中夹杂有白色未充分成熟的卵粒时，应立即停止采卵，否则这些卵粒无法受精，在孵化过程中易死亡腐败。此外，泥鳅精子在水中的寿命仅 1.5 分钟左右，因而操作时动作要迅速，最好用生理盐水作为精子的稀释液，以增强精子的活力，延长其寿命，提高受精率，满足小规模养殖泥鳅对苗种的需求。但对较大规模的泥鳅苗生产，亲鳅全部用人工授精则因劳动强度大，技术要求又高，往往不易现实，而且人工操作时间较长，常贻误部分亲鳅的产卵和授精最佳时间，效果不很理想。这时需要部分用半人工繁殖，即人工催产注射药物，放入专门的产卵池自行产卵。另外部分，即对于个体特别大的、怀卵量比较高的泥鳅，可挑出进行人工催产并采用人工授精，以保证怀卵量高、成熟较好的泥鳅有较好的产卵率和受精率，以期获得更多的泥鳅苗。

4. 泥鳅的孵化 受精卵的孵化在室内或室外都可进行，有静水孵化和流水孵化。设备有孵化池、孵化网箱（可用集卵网箱）、孵化缸、孵化桶、孵化环道等，或就在产卵池内孵化。

（1）静水孵化 把粘有受精卵的鱼巢放入孵化池、孵化网箱或产卵池内孵化，水质要清新。每升水可放 400～600 个受精卵，要注意防止受精卵挤压在一块，若发现受精卵相互挤压，要用搅水的方法或用吸管使之分离开来，以避免因缺氧而影响孵化率。

（2）流水孵化 用流水或微流水孵化，是把受精卵放在孵化缸、孵化箱或孵化环道中进行孵化。有以下两种方法：①附巢流水孵化：受精卵附在鱼巢上，放入孵化设施中进行微流水孵化，其水流速度以不冲落附在巢上的卵为宜，每升水可放 800～1 200 粒卵。②去巢流水孵化：受精卵脱黏或不脱黏，掌握好流速放入孵化设施中孵化，其放卵密度一般孵化环道、孵化缸等流水孵化为每升水放 800～1 200 粒卵。

（3）孵化中注意事项 泥鳅卵无论采用哪种孵化方法，都要注意以下事项：①防止受精卵发生水霉病：预防方法是将黏附有卵粒的鱼巢放入漂白粉溶液（每立方米水体用药 1～2 克）中浸泡 20～30 分钟再去孵化。②捡出未受精卵：未受精卵会腐败，容易使水质恶化，可以用吸管将之吸除掉。一般来说，未受精卵约经 12 小时后就变成白色，很易识别。③孵化期间要防止缺氧和敌害生物：可以在孵化设施上覆盖尼龙网片，以防止敌害生物的侵入。若静水孵化则要注意充氧。④孵化期间水温不能发生较大的升降：防止寒潮与暴风雨的侵袭，可以在寒潮来临之前用塑料薄膜将孵化设施盖上，但要留下气孔，也可以采用其他保暖的方法进行处理。孵化用水的水温变化要控制在 ±3℃ 以内。⑤受精卵对食盐溶液较敏感：仅用 3％～4％ 食盐溶液处理，受精卵即迅速萎缩死亡，因此，最好不用食盐溶液处理。

（4）几种孵化设备及孵化方法的比较 泥鳅在孵化缸、孵化桶及孵化环道的流水中，因流速不好调控，而且孵化时间较长，费工耗时，往往孵化效果不理想；在孵化池、孵化网箱和产卵池的静水孵化中，又往往因没有新鲜水体流入，而整个孵化的时间均在这个水体，水质变坏或缺氧，导致孵化率低。采用网箱微流水孵化，可解决这些问题，网箱入水 20 厘米左右，阳光直射箱内，水温随光照延长而缓慢上升，受精卵发育较快，很少发生水霉病，孵化率一般为 70%～80%，高的可达 90% 以上。这种方法放卵孵化密度不宜太大。

（5）泥鳅的胚胎发育　胚胎发育的温度与时间有非常密切的关系，在水温 28℃ 内呈负相关关系，即随着水温升高而时间减少。孵化率的高低与水温呈正相关关系，以同一批卵进行对比试验的结果是：水温 15℃ 时为 80%；20℃ 时为 94%；25℃ 时为 98%。

泥鳅受精卵孵化水温范围为 18～31℃，适宜水温为 20～28℃，最适水温为 24～25℃。孵化时间随水温高低而不同，见表 2-7。即孵化时间与孵化温度、孵化积温呈负相关，水温在 14～21℃，平均水温 18℃ 时，受精卵出膜需 46 小时 45 分钟；水温在 21～24.5℃，平均水温 22.5℃ 时，受精卵出膜需 30 小时 40 分钟；水温在 23～26℃ 范围内，平均水温在 24.5℃ 时，受精卵出膜需要 27 小时 40 分；而在水温 25.5～29℃ 范围内，平均水温在 27.5℃ 时，受精卵出膜只需 22 小时。

泥鳅的胚胎发育见图 2-17。泥鳅的卵子受精后，原生质向

表 2-7　孵化水温与孵化时间的关系

批次	孵化水温（℃）		孵化需要的时间（小时：分钟）			孵化积温（℃）
	范围	平均	开始出膜	70%出膜	全出膜	
一	14～21	18	46：45	50：30	52：40	909.0
二	21～24.5	22.5	30：30	33：25	34：50	751.9
三	23～26	24.5	27：40	29：30	32：00	722.8
四	25.5～29	27.5	22：00	24：10	25：05	676.7

注：孵化积温按 70% 出膜计，即出膜时间×平均孵化水温。

一端移动（图2-17,1;2-17,2），形成胚盘（图2-17,3）。受精后2小时15分，当水温16℃时开始第一次卵裂而进入2细胞期（图2-17,4）。受精后2小时30分，当水温19℃时进行第二次分裂而进入4细胞期（图2-17,5），也有个别卵已完成第三次分裂而进入8细胞期（图2-17,6）。受精后7小时15分，当水温19.5℃时进入桑葚期（图2-17,7），有的已发育到囊胚期（图2-17,8）。受精卵10小时45分，当水温17℃时，细胞逐渐下包，进入原肠初期（图2-17,9），有的已发育原肠中期（图2-17,10）。受精后28小时15分，当水温14℃时，胚体形成，但尚未出现肌节，（图2-17,11）。受精后34小时40分，当水温21℃时，胚胎上形成13个肌节，眼泡出现，尾部出现Kupffev氏泡（图2-17,12）。受精后36小时15分，当水温17.5℃时，肌节增多至17节，耳囊出现（图2-17,13）；有的已有22个肌节，肌肉能够轻微收缩，卵黄囊成为梨形（图2-

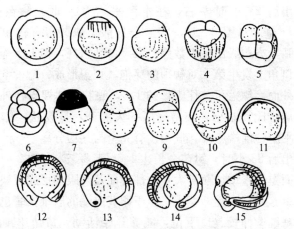

图2-17　泥鳅卵的胚胎发育

1、2.原生质向一端移动　3.胚盘形成　4.2细胞期　5.4细胞期

6.8细胞期　7.桑葚期　8.囊胚期　9.原肠初期

10.原肠中期　11.胚体形成期　12.眼泡出现期　13.耳囊出现期

14.卵黄囊成梨形　15.心脏形成期

17，14）。受精后 46 小时 45 分，当水温 19℃时，心脏形成，每分钟收缩 24 次，有少量血液，但血管尚未形成；头部嗅囊长成，尾部脱离卵黄囊，能来回摆动（图 2-17，15）。再经过 2 小时，鱼苗即从卵膜中孵出。

泥鳅苗的发育见图 2-18。受精卵经过 48 小时 45 分钟以后，鱼苗从卵膜内孵出（图 2-18，1），全长达3.5～3.7毫米，肌节共 40 节，躯干部 27 节，尾部 13 节。体色呈透明状，背部具有稀疏的黑色素。卵黄前端上方有胸鳍的胚芽。卵黄前端和头部具有孵化腺。2 对鳃丝裸露，可见到鳃丝内有循环的血液；消化道呈直线形，位于卵黄囊的背部，末端（肛门）被鳍褶封闭。卵黄囊位长囊状，前端膨大，紧贴腹部下方，与体轴平行排列。吻部突出，口未开启；吻端具有黏着器官，鳅苗借以使身体悬挂在水草或石块上。系统已形成，居维氏管在卵黄前端，比较粗大，因此和水的接触面也较大，起着呼吸作用。

孵出后 24 小时左右，在水温平均 23℃时，鳅苗全长达3.8～4.1毫米（图 2-18，2）。全身稀疏地散布有较粗的黑色素，眼睛上方边缘出现少数黑色素。口裂出现，但上下颚尚不能活动。口角上发生第一对触须的芽孢。鳃盖形成，鳃丝 6 对，伸出鳃盖外面，鳃盖可盖住鳃丝的1/3，鳃腔仍然裸露在外，形成外鳃。居维氏管缩小。胸鳍逐渐扩大展开，呈扇状。体色稍变黑，能平游，前端膨大，肛门没有完全与鳍褶分离。

孵出后 33 小时，鳅苗全长达4.6～4.8毫米（图 2-18，3）。身体上面黑色素增加而扩大，头部背面及两眼间形成几块平板状的黑色素。卵黄囊逐渐缩小，位于卵黄前端的居维氏管也随着缩小，外鳃继续伸长。口下位，能够开始活动，口角出现第二对须，第一对须逐渐延长。肋骨上具有细齿。胸鳍基部垂直，能够来回扇动。

孵出后 58 小时，鳅苗全长达 5.3 毫米左右（图 2-18，4）。体侧中线上下有两行整齐的黑色素。第三对口须出现，须上呈现

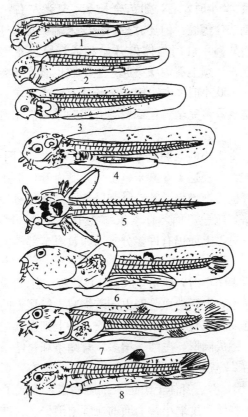

图 2-18　泥鳅苗的发育

1.鳅苗从卵膜内孵出，全长 3.7 毫米　2.鳅苗全长 4.1 毫米

3.鳅苗全长 4.6 毫米　4.鳅苗全长 5.3 毫米

5.鳅苗全长 5.3 毫米的背面，体侧有感觉刚毛

6.鳅苗全长 8 毫米　7.鳅苗全长 11 毫米　8.鳅苗全长 15.7 毫米

枝状突起，上颚、下颚及头部的腹面，同样出现枝状突起，同时在身体两侧出现许多排列不规则的感觉刚毛（图 2-18，5），鳃盖延伸到胸鳍基部，鳃丝仍伸出在鳃盖外面。鳔已出现。胸鳍显著扩大，鳍褶上形成许多细小的血管。卵黄囊接近消失，鳅苗已开始摄食轮虫等食物。黏着器官消失，鳅苗已能游动。

孵出后 72 小时左右，鳅苗全长 5.5 毫米左右，卵黄囊基本消失。鳃盖盖住鳃腔，但还有少数鳃丝末端裸露在外。臀鳍褶与尾鳍褶开始分离，肛门与体外开始相通。黑色素增多。颌须 3 对，渐渐延长，须上有齿状突起，上下颌也有齿状突起。

孵出后 120 小时左右，鳅苗全长达 6.8 毫米左右，卵黄囊完全消失，鳃盖骨可完全盖住鳃腔，开闭频繁，消化道经肛门直通体外。

孵出后 171 小时，鳅苗全长达 8 毫米左右（图 2-18，6）。胸鳍极度扩大，长达 1.3 毫米，上面布满血管，形成血管网，鳍褶上的血管也逐渐增多，肠动脉和肠静脉之间也有许多细小的血管。外鳃缩到鳃盖里面。脊索末端往上方弯曲，尾鳍条开始出现。有须 4 对，上面仍有许多分支。卵黄囊全部消失，肠管内充满食物。

孵出后 191 小时，鳅苗全长达 11 毫米左右（图 2-18，7），胸鳍显著缩小，上面的血管网也随着缩减，鳍褶上的血管也逐渐减少，鳃已发育完整，形成许多鳃瓣。肠上细血管仍很多。第五对须生成。鳔成圆形。尾鳍条增多。背鳍条和臀鳍条均已发生。

孵出后 21 昼夜，鳅苗全长达 15.7 毫米左右，形态和成鳅相仿（图 2-18，8）。身体上黑色素细胞靠紧，形成了许多不规则的黑斑点。胸鳍再度缩小，上面的血管网消失，背鳍、臀鳍从鳍褶中分离，腹鳍成三角形，但还没有鳍条。鳍褶接近消失，上面的血管网也已消失。

（三）苗种培育

1. 鳅苗培育 刚孵出的泥鳅全长 3.5~4 毫米，身体透明，不能自由活动，只能用头部的吸附器附在鱼巢或其他物体上，以腹部的卵黄为营养。经过 3 天左右，卵黄被吸收完，苗体才能游动并开始摄食，此时应将其转移到鳅苗池饲养。培育泥鳅苗种，土池比水泥池要好，因土池能更好地培育浮游生物，可为泥鳅苗种提供更适口的开口饵料，土池水质比水泥池更加稳定。

（1）清塘放苗 鳅苗培育是指将泥鳅水花培育到体长 3 厘米左右。培育池面积 20～50 米^2，水深 0.3～0.5 米。鳅苗入塘前，需清塘并培育水质。清塘大约在鳅苗下塘前 15 天左右，方法是先排干池水，暴晒 4～5 天，再用生石灰消毒（每平方米用 50～75 克），然后注入约 20～30 厘米深的新水，在施生石灰后约 7 天药性消失，放入少量牛粪、猪粪等畜粪肥，过 3～5 天，即可放鳅苗入池。池中投放浮萍等水草，约占总水面的 1/4～1/3。

鳅苗放养密度，静水池每平方米放 800～1 000 尾，微流水或网箱饲养每平方米放 1 500～2 000 尾，放养规格要齐整，以防大鳅吃小鳅。

（2）投饵施肥 鳅苗投喂煮熟研碎的鸡蛋黄或鱼粉，或豆饼粉悬浮液，一日 3～4 次，投喂量以 1 小时内吃完为限。饲养 2～3 天后结合水中的浮游生物情况，加喂一些水蚤、轮虫及捣碎的丝蚯蚓或鱼糜。泥鳅为杂食性鱼类，其苗的开口食物主要取决于适口性，可以是鸡蛋黄，也可以是小型浮游植物，还可以是小个体的水蚤、轮虫等，只要鳅苗能吃下就行。待鳅苗适应吃食并稍长大些后，这时结合水中浮游生物的多少加投一部分水蚯蚓、水蚤、轮虫或微囊饲料，每天上、下午各投一次。加投量以鳅苗吃完为准。

泥鳅苗放入池塘后要勤施肥。水温较低时，每立方米水体每次施速效硝酸铵 2 克，水温升上来时，每立方米水体施尿素 2.5克。一般隔天施 1 次，连续施 2～3 次，以后则根据水质肥度调节施肥浓度与间隔时间；在施化肥的同时，结合施发酵过的有机肥，则效果更好。在水温比较高时一般不再施肥，直接投饵料。每日早晚各投 1 次，开始时每日投喂量占放养总体重的 2%～3%，以后随着苗种生长，日投喂量视鳅苗的吃食情况，不断增加到 4%～5%；养殖后期可增加到放养总体重的 8%～10%。

2. 鳅种培育 鳅苗经过 1 个月时间的培育，长到 2～3 厘米左右时，就要分池进行鳅种饲养，个体达到 3 厘米以上的可直接进行成鳝饲养，小的进行鳝种培育。在分塘时，用聚乙烯网操作，要谨慎仔细，以免使娇嫩的鳝苗损伤或死亡。鳝种的培育一般有池塘培育和稻田培育两种。

（1）池塘培育　面积 20～100 米^2，池水深 40～60 厘米，有良好的防逃设施，放养前除野消毒，施好基肥，详见鳝苗培育清塘部分。投放鳝苗后，每天投喂米糠（煮熟）、饼粉、蚕蛹粉等。日投喂量及投喂次数同前（鳝苗培育后期管理）。每平方米放养 50 尾，饲养当年可达 10 厘米左右，体重约 11 克。每平方米放养 1 000 尾密养，当年也可长到 5～6 厘米，体重约 2 克左右。少部分可达 8 厘米，体重约 4 克左右。

（2）稻田培育　用较小面积的稻田（100 米^2 以下）。放养前施基肥，每 100 米^2 施 50 千克。待数日长出浮游生物后，即可放鳝苗，每平方米放 40～50 尾。放养后，在傍晚注新水时投饲料，每 100 米^2 投 7.5～10 千克，施肥、投饵交替进行，每周进行 1 次。5 周后可每隔 2 周施 1 次。到 7 月份水田除草时，稻苗隔行敷入干草或烂稻草，以培养鳝的天然饵料。

3. 苗种培育管理　鳝苗、种培育管理，均要注意以下方面：

（1）要配备专人管理，每天检查防逃、吃食情况。

（2）经常注入新水，保持良好的水质。注意防止缺氧，因为鳝苗在孵化后半个月左右才开始进行肠呼吸，在此之前往往会因氧气不足而造成鳝种的全部死亡。

（3）要勤观察水质变化，根据浮游生物的多少，确定施肥的数量和投饵的数量。

（4）泥鳅贪食，为防止投喂过多而引起消化不良，特别是喂高蛋白饵料或单一饵料时，易造成鳝种腹部膨胀而浮至水面导致泥鳅苗种死亡。所以要适量投饵，合理搭配，投饵种类、数量，除了应根据苗种大小而定，还要参照水温考虑，水温 22℃ 以下时，以植物性饵料为主；水温 22～28℃ 时，鳝种食欲旺盛、生长快速，多投喂些动物性饵料。饵料要混成团状，沉入水底。

泥鳅苗种喜食的活饵料——水蚤、丝蚯蚓、轮虫等的培养技术见本书后面第三章的活饵培育方法。

4. 泥鳅苗种规格与养殖效果的关系 最近几年人工养殖泥鳅的越来越多，有好多养殖者都有这样的经验，无论是购买的野生鳅苗种还是人工养的鳅苗种，在放养5～7天内大批死亡，放养时间越迟，小鳅苗种有死的，大鳅种死的更多，不大不小的鳅种倒是死的不多，具体规格是：体长1.5～2.5厘米的鳅苗死亡较少；体长3～5厘米的鳅种，放养后几乎没有死亡；体长6～8厘米的鳅种，放养后有部分死亡，操作不当，死亡会更多。

分析认为，体长1.5～2.5厘米的鳅苗，刚完成体形结构的变态发育，进入食性的转变阶段，对外界的环境适应能力还比较差，这时候出塘放养，容易引起死亡；体长3～5厘米的小规格鳅种，对外界环境的适应能力已明显加强，已能适应人工饲料，这种规格的鳅种已具钻泥习性，但钻泥不深，容易起捕，这时出塘放养比较理想。体长6～8厘米的大鳅种，对外界的适应能力很强，但是它的活动能力也很强，在受惊吓后会钻入较深的泥土层，给起捕出塘造成困难，且捕捞过程中极易受伤，受伤后又易感染细菌而生病死亡。因此，泥鳅苗种3～5厘米，放养效果最好，成活率高，比较大规格的鳅种还要便宜、实惠。

5. 野生泥鳅苗种和人工泥鳅苗种成活率的比较 野生泥鳅苗种的成活率一般在40%～60%，最高也不过80%。人工养殖的泥鳅苗种一般在80%左右，好的在90%左右，最高的在95%左右。野生泥鳅苗种的养殖成活率偏低，分析原因主要是：

（1）捕捞方法 野生泥鳅苗种是在外收购或捕捞的，其方法多种多样，而又没有按照规范的技术操作，容易造成泥鳅苗种的伤害。

（2）中间过程复杂 泥鳅捕获后，一般都经过长时间的高密度暂养，并筛选和运输，有的还是多次筛选和运输，使泥鳅受伤，还长时间处于不安状态，体表黏液大量外泄，体质十分虚弱。

（3）营养不良 在暂养及筛选运输过程中，一般不喂食，这样长时间的停食，使泥鳅根本没有营养来源，体质明显下降。

（4）放养时间较迟　野生的泥鳅苗种放养一般都比较迟，这是因为泥鳅每年要在 3 月份以后，气温上升才会被农民捕捞起来，因而野生黄鳝不可能一次捕捞，在较长时间内，不断捕捞，暂养累积一定数量后，经筛选再出售。这样时间往往都已在 6 月份甚至 7 月份，气温较高，而这些泥鳅因长时间的暂养、筛选及运输，已是伤痕累累，极易发病死亡。

（5）筛选和运输的工具不当　筛选时用筛子过鳅苗种，泥鳅小过筛孔容易，但也受伤；大的鳅苗种过筛孔难度大，更易受伤。

野生泥鳅苗种购买后，在放养前要处理妥当，即筛选出好的苗种进行饲养，挑出劣质苗种立即出售；即使是人工养殖的泥鳅苗种最好也筛选一下，具体筛选方法可借鉴前面的黄鳝苗种筛选方法，详见第一章的五（三）部分。筛选结合用药物消毒一并操作。这样把问题在放养前解决好，即使是野生泥鳅苗种也可提高饲养的成活率，并可减少经济损失。

五、成鳅的饲养

（一）饲养方式

鳅种经过一段时间饲养即可进入成鳅饲养阶段。目前，国内外对成鳅的养殖有多种方式。

1. 池塘养鳅　池塘养殖成鳅，是适合于大规模养殖的一种生产方式。目前，主要有单养和混养两种。

（1）单养　一般选用水泥池或三合土池，或石砌护坡的池塘，密养成鳅。具体方法为：

池塘条件：选择避风向阳、注水方便、弱碱性底质、无农药、无工业污染的地方建池；面积一般为 50～300 米^2 不等，池深 0.7～1.5 米。池塘可建成水泥池，也可是土池。土池池壁要用砖或石块砌成，或用三合土夯紧，池底也夯紧，做到坚固耐用、无漏洞，然后池底再铺入 20～30 厘米的肥泥。进出水口用铁丝网或塑料网拦住，池底向排水口倾斜，以便排水和捕捞。

清塘消毒：放养苗种前要清塘消毒，主要用生石灰，也可用漂白粉。消毒方法、剂量与种苗池的方法相同。详见前面四（三）部分。

浅水培肥水质：池塘消毒 1 周后即可注入新水至 20 厘米深，这时，要遍撒预先备好的混合基肥培肥水质。基肥配方为每平方米用畜禽粪 2 千克，杂草堆肥 2 千克，米糠 50 克等拌匀，经太阳晒干后即可。

也有在干池后采用日光暴晒池底的办法，再在池底铺放畜禽粪、杂草堆肥、米糠等混合配方基肥，经太阳晒干后，注入新水至 20 厘米深，以此法消毒并培肥水质的。

放养鳅种：施足基肥 2～3 周后，水体中即会产生大量水蚤。这时，水质已可适合鳅种生长，把水体加深至 50 厘米左右，即可放养鳅种。每平方米水面的放养量为 50～60 尾，体长 3～5 厘米左右的鳅苗，有流水条件的可适当增加放养数量。

饲养管理：在培育水质、提供天然饵料的基础上，须增加投喂蛆虫、蚯蚓、蚌肉、鱼粉、小杂鱼、畜禽下脚料等动物性饲料，以及麦麸、米糠、豆渣、饼类等植物性饲料，或人工配合饲料。投饲的动植物配给量，详见后面五（二）投饵施肥方法部分。一般每天上、下午各投一次，日投饲量为泥鳅体重的 5%～10%。视水质、天气、摄食情况灵活掌握。泥鳅在水温 15℃ 以上时食欲逐渐增加，20～30℃ 是摄食的适温范围，25～27℃ 食欲特别旺盛，超过 30℃ 或低于 15℃ 以及雷雨天可不投饵。此外，还应根据水质肥度进行合理施肥，池水透明度为 15～20 厘米，水色以黄绿色为好。当水温达 30℃ 时要经常换水，并增加池水深度；如发现泥鳅常游到水面浮头"吞气"时，表明水中缺氧，应立即停止施肥，注入新水。冬季要增加池水深度，并可在池角施入牛粪、猪粪等肥料，以提高水温，确保泥鳅安全越冬。

（2）混养　一般是 $500\sim700$ 米^2 的土池或石砌护坡池，以饲养鲢、鳙、草鱼、鳊、鲤、鲫等鱼种为主，混养泥鳅，对主养鱼种投饵、施肥，而对主养泥鳅就不必另外投饵了。放养密度为每平方米 $2\sim5$ 尾。

2. 稻田养鳅

（1）稻田养成鳅的意义　稻田养成鳅是一项具有发展前途的事业。根据中国科学院水生生物研究所倪达书教授提出的"稻鱼互生结构"理论，经各地多年实践，普遍认为稻田养成鳅具有以下意义：①成鳅能充分摄取水中的适用饵料和杂草，少投甚至不投饵料也可产鱼；②水稻能吸取鱼类的排泄物补充所需肥料，有利于生长；③成鳅在稻田浅水中上下游动，能促进水层对流、物质交换，特别是能增加底层水的溶氧；④鱼类新陈代谢所产生的二氧化碳，是水稻进行光合作用不可缺少的营养物，是有效的生态合理循环；⑤泥鳅具有在水底泥中寻找底栖生物的习性，其觅食过程可起到松土作用，从而促进水稻根部微生物活动，使水稻分枝根加速形成，壮根促长；⑥稻田养鳅，不用另开鱼池，节地节水，是保护环境、发展经济的可选方式之一。

（2）稻田养成鳅的基本条件和结构形式　一般水源充足、排灌方便、保水力强、能旱涝保收、面积 $2\,000$ 米^2 以下的稻田，都可养成鳅，不过稻田还要加工整理。第一要加固和筑高田埂，设置防逃板，高 70 厘米，埋入田泥 $15\sim20$ 厘米，露出田泥 50 厘米左右；各水泥板相连处用水泥勾缝。第二要在稻田内开挖鱼沟和鱼溜。鱼沟可挖成"田"、"十"或"井"字状。沟宽 30 厘米、深 $30\sim50$ 厘米；鱼溜设在进排水口附近或田中央，溜深 $40\sim60$ 厘米，沟溜相通。鱼溜的面积占稻田面积的 $3\%\sim5\%$。鱼溜形状有长方形、正方形和圆形等。鱼溜的作用是，当水温太高或偏低时，是避暑防寒的场所；在水稻晒田和喷农药及施肥时，鱼溜在起捕时便于集中捕捉，也可作为暂养池。在稻田中设置进排水口，并安装拦鱼设施也是必不可缺的。稻田的进排水口尽可能设在相对应的田埂两端，便于水均匀畅通地流经整块稻田。拦鱼栅可取铁丝网、竹条、柳条等材料制成。拦鱼栅应安装成圆弧形，凸面正对水流方向，即进水口弧形凸面面向稻田外部，排水口则相反。拦鱼栅孔大小以不阻水、不逃鱼为度。稻田养泥鳅的结构形式目前有4种：沟溜式、田塘式、垄稻沟鱼式和流水沟式。

沟溜式的开挖形式有多样，沟溜相连（图2-19、图2-20、图2-21）。

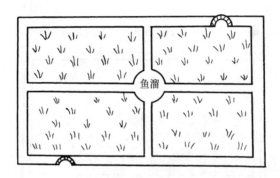

图2-19 圆形鱼溜开在稻田的中心的田字溜

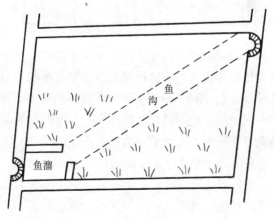

图2-20 方形鱼溜开在稻田一角的一字溜

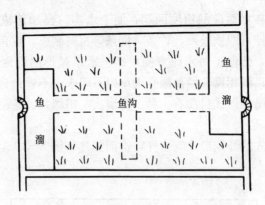

图 2-21　长方形鱼溜开在稻田两侧的十字沟

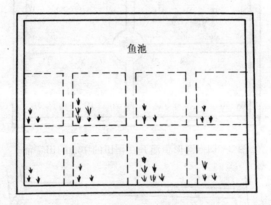

图 2-22　鱼池在稻田一侧的田塘式

　　田塘式是将养鱼塘与稻田接壤相通，鳅可在塘、田之间自由活动，见图 2-22、图 2-23。垄稻沟鱼式是把稻田的周围沟挖宽挖深，田中间也隔一定距离挖宽的深沟，所有的宽的深沟都通鱼溜，养的鳅可在田中四处活动觅食，见图 2-24、图 2-25。流水沟式稻田是在田的一侧开挖占总面积 3%～5% 的鱼溜。接连溜顺着田开挖水沟，围绕田一周，在鱼溜另一端沟与鱼溜接壤，田中间隔一定距离开挖数条水沟，均与围沟相通，形成一活的循环水体，对田中的稻和鱼的生长都有很大的促进作用，详见图 2-26。

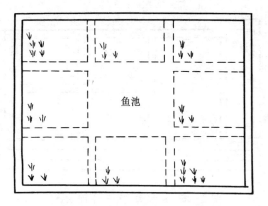

图 2-23 鱼池在稻田中心的田塘式

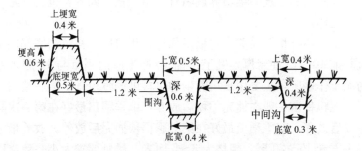

图 2-24 垄稻沟鱼式稻田剖面结构示意图

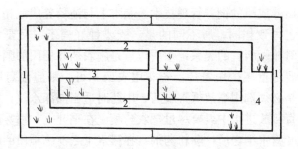

图 2-25 垄稻沟鱼式稻田平面示意图

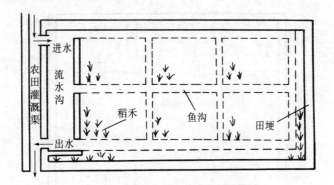

图 2-26　流水沟式稻田平面示意图
1. 田埂　2. 围沟　3. 中间沟　4. 鱼溜

（3）饲养方式　稻田养成鳅有"鳅—稻"同养，也有"鳅—稻"轮作。

①"鳅—稻"同养：水稻田翻耕、晒田后，在鱼溜底部用有机肥铺10～15厘米厚，其上再铺10厘米厚的稻草与10厘米厚的泥土作基肥，主要用来培养生物饵料供泥鳅摄食，然后整田。

泥鳅种苗一般在插完稻秧后放养，单季稻田最好在第一次除草以后放养，双季稻田最好在第二季稻秧插完后放养。放养量为每平方米15～20尾，规格为3～5厘米，尽量要求大小一致，以免小鳅苗被吞食。

稻田养成鳅的饲养管理技术，基本上与池塘养成鳅相近，管理内容也大致相同。所不同的是，既要种好稻子，又要养好泥鳅，同时兼顾两者的关系，矛盾焦点是施农药和稻田的晒田。稻田养鳅要尽量减少用农药，若非用农药不可，则应注意以下事项：一是必须选用高效低毒农药，用药时适当加深水位；二是农药不能直接放进水中，要尽量把农药喷施在稻叶上，喷雾药剂宜选在稻叶露水干之后，喷粉药剂宜在露水干之前。稻田的晒田则需要把泥鳅尽量赶到鱼溜中，始终保持鱼溜中有水。

施肥：施肥是"鳅—稻"同养技术的重要方面。原则是：以施基肥为主，追肥为辅；以施有机肥为主，施化肥为辅。有机肥可做基肥，也可做追肥。化肥则用以追肥为宜。有机肥与化肥混用，能取长补短，增进肥效，增加产量。但须注意，有些肥料是不能混合施用的。究竟哪些肥料能混合施用，哪些肥料不能混合施用，详见图 2-27。施追肥，一般在稻秧青苗期追一次苗肥，每亩施 500 千克，配施无机肥 30 千克。以后根据情况追施 1~2 次，每亩施用尿素 7 千克。

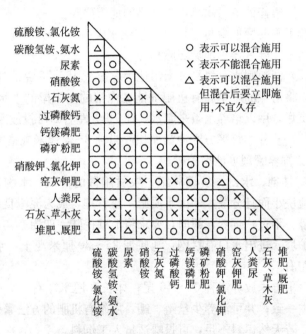

图 2-27 各种肥料混合施用情况示意图

田间管理：早晚巡查鱼溜、鱼沟是否畅通，尤其在稻田晒田、施肥、施药前要仔细检查。连阴雨或暴雨时，除了防汛、排涝，还要检查田埂的安全，观察稻田水位，清除进排水口拦鱼栅上的杂物。

②鳅—稻轮作：水稻收割后晒田 4 天，每亩施有机肥 400~

500 千克，再暴晒 4～5 天后，蓄水至 40 厘米深，投放泥鳅种苗。

饲养方法，可参照前述池塘养成鳅。待泥鳅养成捕捞后，再开始下一个水稻生产周期。

3. 池沼养成鳅 池沼中不便栽种其他农作物，但水草及水生动物较丰富，有利于养泥鳅。其方法与稻田养鳅稍有不同，要点如下：

（1）整修池沼 水草生长太盛的池沼要除去一部分水草，周边高低不平的埂坡要尽量修平整。池水保持在 30～50 厘米，安装好防逃设施（详见池塘养鳅）。

（2）清池肥水 每平方米沼池用生石灰 45～75 克清池消毒；同时，将清除的水草和有机肥堆铺在池沼的向阳岸的半水坡边，使其腐烂，用以培养水蚤来肥水。经 10 天左右即可投放鳅种。

（3）放种 每平方米池沼面积放鳅种 3～5 厘米规格的 30～50 尾。饲养管理见池塘养鳅。

4. 洼地、水凼、坑塘养鳅 农村闲散的洼地、水凼、坑塘等，地块小而且分散，却因水质肥，易管理，成为泥鳅良好的栖息环境。不过，饲养泥鳅时，要求将池壁挖陡，四周夯实，用三合土护坡，进出水口有拦网，池底铺 25～30 厘米泥土，水深 50 厘米左右。

每平方米放养鳅种 30～50 尾；体长 3 厘米左右，大小规格要基本一致；并可混养少量鲢、鳙。用施有机肥的方法繁殖天然饵料，若天然饵料不足，可投喂适量人工饲料。

5. 流水养鳅

（1）网栏流水养鳅 水源丰富、水流不断、场地狭窄的溪流、河沟，可利用起来养泥鳅。方法是在上、下设网或栅栏；或者用网或栅栏围圈起来，使水流通过，但又防止泥鳅逃跑。

网及栅栏的大小，随地形和养殖面积而定，一般不宜太大，面积控制在 1 000 米^2 以下较好。放养量为每平方米放 150～200

尾鳅种。投喂精、粗饲料或配合饲料，每天2～3次。不过，用网栏流水养鳅，因流水保肥能力差，需投喂的饲料较多，其饲养成本较高。

（2）木箱流水养鳅　木箱流水养鳅是在较大的河沟、溪流边以及有流水的水域中用木箱饲养。国内和日本的一些养殖户自行设计的木箱，1个木箱一次可产成鳅8～15千克。

养殖所用木箱的规格，一般为长2～3米、宽1～1.5米、高1米左右，要求用杂木制作，内壁光滑。箱的宽面对准水流，并在两个宽面开设直径为3～4厘米的进出水口各一个。口上和箱上均安装网目为2毫米左右的金属网，防止泥鳅外逃。进水口开设在木箱上部，出水口的开设稍低于进水口。箱底由泥土、粪肥、切碎的稻草或蒿草等草类间铺而成。最上面再铺一层泥土。注水深度以漫过土层30～50厘米为宜。可单箱养殖，也可若干箱并联饲养。

流水中放置木箱的地方，尽可能是向阳、水温较高之处。木箱内每平方米可放养鳅种3～5厘米规格的150～200尾。

投喂饲料和日常管理：一般情况下和池塘管理差不多，只是在管理上要注意暴雨涨水时进排水口受阻和木箱溢水。另外，每隔10～15天将下层泥土搅拌一次。饲养6个月左右，增重6～10倍，达成鳅规格，经济效益可观。

6. 缸、坛、罐及塑料盒养鳅　在较大的缸、坛、罐及塑料盒内铺设约20厘米塘泥，掺杂有机肥（最好是鸡、鸭粪）和碎草，待发酵后注入净水，每平方米可放3～5厘米规格的鳅种30尾左右。特别要注意的是投饵量和水质变化，用0.5～1厘米的橡皮管接新鲜水放入底部，每天加注部分新鲜水。上面或开口，或直接溢出部分陈水，以保证水质活爽。

7. 无泥土饲养鳅　传统的饲养泥鳅方法离不开淤泥环境，前面介绍的几种饲养方法，也是由人工营造一个淤泥环境来供泥鳅栖息、生长。但是，在淤泥单位面积上泥鳅的栖息量少，不仅对水体空间的利用率低，而且采捕时的效率也不高。

无泥土养泥鳅，可以不用淤泥。这种方法的立足点，是用多孔塑料泡沫或木块、水草等非泥土物质，提供一个可给泥鳅钻入洞孔隐蔽的栖息空间。既可多层次立体利用水体，又便于捕捞商品鳅。

（1）多孔塑料泡沫　每隔5～7厘米钻直径2厘米左右的孔数个，每块塑料泡沫大小不定，厚度以15～20厘米为宜，重叠为立体，加以固定。让其浮于水面以下，不露出水面。

（2）多孔木块或混凝土块　大小、厚度、间距同多孔塑料泡沫，只是重叠后铺排在水中，从底往上排。

（3）水草隐蔽　池中放水草（水葫芦等），漂浮在水面，为泥鳅遮阳隐蔽，夏热时节不仅可以吸收强紫外线对泥鳅的直接照射，还可调节水温；水草根系发达，不仅给泥鳅提供了良好的栖息场所，而且还可净化水质，改善饲养池内的整个生态环境。水草覆盖面积占水面的2/3左右。

湖南农学院曾谷初等研究人员曾做过泥鳅饲养池隐蔽物设置模式试验，在饲养容器中进行了放泥土15～20厘米、多层木板架、水草隐蔽物和无隐蔽物对照组的对比的试验。结果表明：不同情况的隐蔽物条件，对泥鳅的成活率和生长速度有较明显的影响，其中以用水草作隐蔽物的养殖效果最佳，最高成活率为泥土的1.07倍，为多层木板架的1.14倍，为无隐蔽物的1.46倍；最高增重倍数也是水草的最高，为泥土的1.10倍，为多层木板架的1.37倍，为无隐蔽物的1.42倍；最高产量还是水草的最高，为泥土的1.33倍，为多层木板架的1.45倍，为无隐蔽物的4倍。各试验组泥鳅成活率情况见表2-8。各试验组泥鳅生长情况见表2-9。

因此，可以直接用水草放在水中进行泥鳅的无土养殖，特别是大规模养殖时，对泥鳅的生产过程易管理，易操作，管理适当。其泥鳅的生长速度和成活率都将有很大的提高。

表2-8 各试验组泥鳅成活率情况（％）

密度组	1	2	3	平 均
泥土	86.6	82.6	86.2	85.2
空白	57.1	54.2	63.6	58.3
水草	92.8	90.5	89.7	91.0
多层木板架	81.3	78.3	79.1	79.2

表2-9 各试验组泥鳅生长情况

密度组	项 目	隐 蔽 物			
		泥土	空白	水草	多层木板架
1	净增重（克）	30.7	1.8	39.3	21.1
	尾均增重（克）	2.67	1.84	2.19	1.06
	增重倍数	1.32	0.85	1.48	1.06
	日增重率（％）	1.41	0.97	1.68	1.08
	净产量（克/米^3）	767.5	45.0	982.0	517.5
2	净增重（克）	43.0	3.5	56.1	16.7
	尾均增重（克）	2.68	1.86	3.16	2.08
	增重倍数	135	0.90	1.47	1.04
	日增重率（％）	1.41	0.98	1.67	1.07
	净产量（克/米^3）	1 075	87.5	1 402.5	667.5
3	净增重（克）	54.7	18.1	72.6	37.2
	尾均增重（克）	2.52	1.91	3.03	2.09
	增重倍数	1.21	1.04	1.46	1.06
	日增重率（％）	1.33	1.01	1.59	1.05
	净产量（克/米^3）	1 267.5	462.5	1 815.0	930.0

（4）饲养管理　无论是无土养殖的哪种方式，其管理注意事项如下：

水质：由于无土养殖泥鳅整个生长时期全部在水中，要求水质肥爽清新，不要有异味异色。夏天生长旺季，且气温较高，要经常加注新水。如果有微流水不断流入更好。

投饵施肥：其投饵施肥的种类、数量、方法，详见后面的（二）部分。

8. 网箱养泥鳅　网箱养泥鳅，分有土养和无土养。放养 4～5 厘米的泥鳅种，人工饲养 9 个月左右，增重 5～6 倍，投入产出比为 1：1.85～2.0。易养、易管理、易捕。

（1）网箱设置

设置水体的选择：养泥鳅的网箱可置于有流水的河沟或水体较大的池塘、湖泊或者稻田。放在流水的水体要选择流速不要太大的地方，要在泥鳅生长阶段保证流水不断，水位不能有太大的涨落差。放在池塘的网箱要求设置在水深 1.5 米以上，水面面积在 500 米^2 以上的池塘。放在稻田的网箱要先在稻田的一边挖深沟，要求水深在 1 米以上，深沟的长宽以能放下网箱为准。网箱无论设置在什么地方，其面积都不要超过水体面积的 1/3。

网箱的设置：用聚乙烯无结节网片，网目在 40～60 目（以不逃出鳅苗为准），网箱的上下纲绳直径 0.6 厘米；纲绳要结实，底部装有沉子。用稀网裹适量的石头做沉子。网箱将网片拼接成长方形网箱，规格长 3～7 米、宽 2～5 米、高 1.5～2 米，一般以长 4 米、宽 2.5 米、高 1.8 米，或长 5 米、宽 3 米、高 2 米的结构箱见多，面积在 10～20 米^2。网箱放置在荫避的地方，网箱用竹篙或木桩固定上下面的四角。

网箱的网衣沉入水中 50～80 厘米。无土养鳅的网箱，上沿距水面和网箱底部距水底应各为 50 厘米以上。有土养鳅的网箱，水位要求稍浅，网箱上沿距水面 50 厘米，底部着泥，底层铺上 20 厘米厚的粪肥、泥土，先铺粪肥 10 厘米，再铺泥土 10 厘米。

箱内放水葫芦或水花生，所放数量以覆盖箱内的 2/3 水面为宜。在整个生长季节，若放养的植物生长增多，要及时捞出。始终控制水草占有 2/3 水面。

（2）鳅种放养　在 2 月底、3 月初插入网箱，清整消毒后，开始购进鳅种，最好在 3 月底鳅种全部入箱。每平方米放 4～5 厘米的鳅种 200～300 尾。鳅种入池前用 3% 的食盐水浸泡 15 分钟，进行彻底消毒。

（3）饲养管理

投饲技术及方法：网箱养泥鳅以人工投饵为主，可投喂动物类为主辅以部分植物类的人工配给的团状饵料，还可投喂商品配合饲料，但成本较高。具体种类见后面的（二）投饵施肥部分。日投饲量为泥鳅体重的 3%～5%，分早、中、傍晚三次投喂。视泥鳅的吃食量酌情增减。

水质管理：在日常管理中，要勤刷网衣，保持网箱水体的交换、溶氧丰富，并使足够的饵料生物进入箱内。

病害：定期用生石灰或其他消毒药物对网箱进行灭菌消毒；防止农药、化肥等污染和敌害生物侵袭；同时，经常检查网箱，如有漏洞立即补好。

9. 茭白田块养泥鳅　泥鳅在茭白田块里生长，是充分利用水体环境的立体生态种养方式。泥鳅可利用水中动物作饵料，这样减少了茭白的病虫害；同时泥鳅的排泄物是茭白的肥料，泥鳅在土中的活动还可替茭白松土助长。茭白生长吸取水土中的营养，改善调节水土环境，保持水质清新。泥鳅、茭白共生互利、双双增产，既节约水土资源和部分饵料、肥料，又节约了生产投入，是一个节支、增产和增效的生产方式。一般经 5～6 个月饲养，每亩平均生产商品鳅 250～300 千克，茭白 1 000 千克左右，具体方法如下：

（1）田块的选择与准备　选择环境安静、水源充足、水质良好，且土质较肥、管理方便的田块。要求田埂高出水面 30 厘米

以上，并在田埂的上沿加设向池中的密眼网，以防泥鳅翻越逃
跑。在田块的一端设进水口，进水经注水管伸入田块，注水管出
口处绑一个长 50 厘米的尼龙布网袋，防止污物及杂鱼等敌害生
物随水入田。为在水量不足或水温过高时泥鳅有躲避之处，同时
又能方便捕捞，在养鳅茭白田四周或对角线挖宽 3～5 米、深 1～
1.5 米的集鱼沟和鱼溜，开挖面积占全田面积的 5%～10%，土
方工程最好在冬季进行。为防暴风雨时排水口不畅而漫埂逃鱼，
在靠排水口的一边田埂上开设 1～2 个溢水口，并安装牢固的拦
鱼栅。

在茭白田灌水前，每 667 米^2 施猪、牛粪等基肥 600 千克一
次（其中 250 千克左右均匀撒入沟底），以保证泥鳅投放时有足
够的下塘饵料。

（2）种养方法　先要做好茭白移植，茭白切忌连作，一般
3～4 年轮作一次，否则"结实"量逐年减少。对轮作轮养田块
可在春季 4 月份分蘖期移植，一般当年就可获得一定产量。移苗
时要求略带老根，不要伤着新苗；行株距为 50 厘米×50 厘米，
并要浅栽，水位保持在 10～15 厘米。茭白移栽成活后，再开始
放泥鳅种苗，以 3 厘米左右的鳅苗最好，每亩放养 8 000～
10 000 尾；如果大点的在 5 厘米左右，可放养 5 000～6 000 尾；
捕捉个体大的亲鳅放在田中自繁自育苗种也行，每亩放亲鳅 10～
15 千克，雌雄比例为 1：1.5。

（3）管理

水质调节：茭白移植和苗种放养期间，田中的鳅鱼小、茭白
苗矮，可以浅灌，水位 10～15 厘米；随着茭白的长高，鳅种长
大，要逐步加水，水位保持在 20 厘米左右，使鳅始终能在茭田
水中畅游索饵。茭田排水时，不宜过急过快，防止小鳅来不及进
沟溜而干死；注意夏季水温变化，高温季节适当加深水位或换水
降温，有利于避暑度夏。

排污防逃：在平时要勤检查田埂有无漏洞，拦鱼栅是否完

好，严禁鸭群下田等，经常巡查，发现问题及时处理。

投饵施肥：鳅种放养后要适时适量投饵施肥。泥鳅所投饵料及方法技术见后面的（二）投饵施肥部分，投喂量占田鳅鱼体重的 5%～7%；同时要在鱼沟和鱼溜中定期追施经发酵过的畜禽粪，以培养泥鳅的天然饵料。

防病防害：茭白的主要病虫害有锈病和纹枯病。如发生锈病，种养田内应忌用氮肥（因其对泥鳅有强烈刺激副作用），增施钾肥，改善田间通风透光条件，即在生长期间要摘除黄叶和拔除杂草，随即将其踩入茭白根部。由于茭白田块生态种养，病虫害很少发生，因为有鳅套养在茭白水体中，畅游索食害虫，起着生态防病作用。如遇有纹枯病发生趋势严重的茭白田块，应掌握在孕茭前 10～15 天，每 667 米^2 用 5%井冈霉素粉剂 40 克对水40～60 千克均匀喷洒在茭白苗上，可有效地防治纹枯病。茭白用药时应选择对泥鳅无害的高效、低毒、低残留的农药，并灌深水，一般采用喷雾或用机械施药，禁用毒杀酚、呋喃丹、除草剂等剧毒农药。由于茭白生长发育为泥鳅提供一个良好的生态环境，泥鳅基本上没有病害发生。通常在 8～10 月份，每隔 10～15 天用漂白粉每立方米水体 1 克或是生石灰每立方米水体用 15克或是晶体敌百虫每立方米水体用 0.5 克化水泼洒沟面一次，并采用0.4%～0.5%（药物占鳅鱼重）的土霉素拌饵喂鳅防病。另外，要及时清除生物敌害如老鼠、水蛇等。

越冬和捕捞：泥鳅在冬季销售市场较好，因此可在茭白采收后，灌深田水，让其自然越冬；也可选择避风向阳的池塘和鱼沟中加深水位越冬，越冬前在池四角投放成堆的畜禽肥，既可肥水又可发酵增温。泥鳅捕捞可采用冲水食饵诱捕法和干田捕捉等。

（二）成鳅的饲养管理

无论采用哪一种饲养方法，都离不开管理工作。

1. 投饵施肥

（1）饵料和肥料的种类　泥鳅是杂食性鱼类，饲料和肥料来源广。动物性饲料有蚕蛹、蚯蚓、螺蛳、河蚌、小鱼及动物内脏等；植物性饲料有米糠、麦麸、豆渣、豆饼以及其他农产品加工废弃物；还有水生的天然饵料，如水蚤、丝蚯蚓、小昆虫等。小规模养鳝，可在附近的大水面如湖泊、水库、河沟捞取。若是较大规模养殖泥鳅，可自己利用田边地角培育活饵料，具体培养方法详见后面的第三章动物活饵培育方法。

肥料：与饲养其他鱼类一样，施肥的主要目的，也是为了培养水中的浮游生物，以作饵料。肥料主要有人畜粪便（有机肥料）或化肥（无机肥料）。

另外，据养鳝者反映，蚕蛹是泥鳅最理想的食物，用蚕蛹养出的泥鳅，个体肥短、肉厚、含脂量高、骨骼较软、食用价值高。可购蚕蛹，再辅以其他饵料，具体要根据泥鳅的需要配以其他适宜饵料。

在渔—畜—农综合经营措施中结合来养泥鳅，可多渠道自给自足地解决饵料和肥料问题。

（2）投饵施肥的方法

投饵：是将饵料与腐殖土混合成黏性团状进行投喂，饵料投在固定的食场。要注意不同生长阶段和不同水温时，泥鳅对饵料的不同要求，以调整饵料的种类及投喂量。水温在20℃以下时，植物性饵料约占60%～70%，动物性饵料占30%～40%；水温20℃以上时，逐渐调整为以动物性饵料为主。具体是：水温在20～24℃，动物和植物性饵料各占50%；水温25～27℃时，动物性饵料调到60%～70%，植物性饵料降到30%～40%；水温在28～30℃时，动物性饵料又降到50%或更低。投饵量也要随着水温的变化而调整，一般每天投饵量为：3月份，投饵量为泥鳅总重的1%～2%；4～6月，投饵量为泥鳅总重的3%～5%；7～8月，投饵量可增加至泥鳅总重的10%～15%；到9月份，投饵量则逐渐下降至泥鳅总重的4%。当水温高于30℃或低于10℃时要减少投饵量或不再投饵。水温适宜时每天分早、中、晚投喂 3 次，让泥鳅"少吃多餐"，水温较低时每天只分上、下午投喂 2 次。

施肥：要根据水体中的饵料生物的丰歉情况来决定，饵料生物少时，在池水边角处施堆肥。操作方法参照堆肥培育法。

2. 防逃、防浮头 遇梅雨季节或暴风雨，要做好防汛防洪工作。要检查防逃设施的安全，进出水口的栅栏是否通畅。防止泥鳅在溢水时逃跑或从漏洞逃跑。夏季高温阴雨天要注意防止泥鳅浮头，特别是静水养殖，要不时加注新水，若发现浮头，应及时加注新水或采取增氧措施。

3. 水质管理 静水饲养泥鳅，水质要清新。水质以黄绿色为好，透明度 20～25 厘米；当水色开始变成茶褐色或黑褐色时，必须换水，以免夜间溶氧不足。流水养泥鳅时，以微流水为主，流速、流量均不宜过大，水流过大过急，不仅使饵、肥流失，最不利的是使泥鳅体能消耗过大，增重较慢。

4. 消毒防病 养殖用的水体在放养泥鳅种苗以前，要严格用生石灰清塘消毒。在日常养殖管理中，要将食台上的残饵及池中的死亡个体捞出，以防水质恶化和疾病传染。在发病季节，应定期用生石灰按每平方米 30～50 克的量，化水泼洒。

5. 防止敌害 在饲养地四周清除害兽易潜伏之地，并撒上杀鼠剂或安放捕鼠器具；要有驱赶鸟兽的设备；同时防止野杂鱼，特别是肉食性鱼类进入池内。

(三) 泥鳅的越冬管理

泥鳅对水温的变化相当敏感，除我国南方终年水温不低于 15℃地区，可常年饲养泥鳅不必考虑低温越冬措施以外，其他地区一年中泥鳅的饲养期 7～8 个月不等，有 2～5 个月的低温越冬期。此间需做好以下工作：

(1) 挑选体质健壮、无疾病的泥鳅作为留种亲鳅，越冬时成活率高。

(2) 越冬池先要用生石灰消毒，后撒入适量农家肥料，铺上

20～30 厘米的软泥。泥以上有 10～20 厘米净水深。在结冰地区，冰下水深需加深至 20～30 厘米。温度要保持在 2℃以上。

（3）稻田泥鳅越冬，将泥鳅集中于鱼溜中，并在鱼溜里铺设和加盖稻草，让泥鳅钻进鱼溜底部淤泥和稻草中避寒。

（4）越冬池放养的泥鳅密度，高于饲养密度的 2～3 倍。

（5）采用人工设置越冬箱的方法，效果很好。越冬箱为木质材料，其规格为 100 厘米×30 厘米×20 厘米，每只箱放 6～7 千克泥鳅。装箱方法是：箱底铺上 3 厘米左右厚度的细土，再装 2 千克泥鳅。后又装好 3 厘米厚的细土，再装 2 千克泥鳅。如此 3 层，最后装满细土。细土在用前拌好适量的农家肥料。钉好箱盖，并在箱盖上打若干个洞，在背风向阳的水面沉入水底即可。

六、泥鳅的病害防治及用药准则

（一）泥鳅病害的预防

泥鳅在天然水体中病虫害较少，但是在人工饲养管理不善或环境严重不良等情况时，泥鳅发病的几率增多，直接影响生长速度和成活率。因此，不能忽视泥鳅的病害。但是由于鳅病初期不易观察，后期又不易治愈，而且养殖无公害泥鳅所用药物都有限量，所以我们一般以预防为主。

1. 生态预防　泥鳅病预防宜以生态预防为主。其病害预防措施有：

（1）保持良好的空间环境　养鳅场建造合理，满足泥鳅的各种生活习性要求。

（2）保持良好的水体环境　加强水质和水温的管理，详细方法可参见前面第一章五（四）苗种的饲养管理"五防"部分。

（3）营造良好的生态环境　在养鳅池中种植挺水性植物和浮萍、水花生、水葫芦等漂浮性植物。

2. 药物预防　详见前面第一章的五（四）苗种的饲养管理

"四消毒"部分。

（二）泥鳅常见病的诊断方法

泥鳅发病以后，直接影响生长速度和成活率。因此，要及时诊治其病害。正确诊断鳅病是有效防病治病的关键技术，因此，必须首先对有病的泥鳅进行正确的检查和诊断，才能对症下药，取得应有的治疗效果。鳅病的诊断可从两个方面进行。

1. 现场调查　现场调查可为全面查明发病原因，及时发现和正确诊断鳅病提供依据。

泥鳅患病后，不仅在身体上表现出症状，而且在鳅池中也表现出各种不正常的现象。如有的病泥鳅身体消瘦、柔弱，食欲减退，体色发黑，离群独游，行动迟缓，手抓即着；有的病鳅在池中表现出不安状态，上下窜跃、翻滚，在洞穴内外钻进钻出；有的体表黏液脱落等。这些情况可能就是泥鳅发病了。诊断时应细心观察，一般先仔细观察鳅群体症状，再观察个体症状。

同时，注意观察和了解有无有毒废水流入养鳅池，投饵、施肥是否过多而引起水质恶化，并对水温、水质、pH、溶氧和以前发病及用药等情况做详细调查。总之，现场调查是诊断鳅病的一个重要内容，不可忽视。

2. 鳅体检查　一般采用刚死没有腐烂变质或者是快死的病鳅或者是病害症状明显的病鳅，鳅体应保持湿润，方法是按照先体表后体内、先目检后镜检的顺序进行。

（1）体表检查　将病鳅置于白搪瓷盘中，按顺序从头部、嘴、眼睛、体表、肛门、尾部等处细致观察。大型的病原体通常很易见到，如水霉、车轮虫、小瓜虫等。小型的病原体，虽然肉眼看不见，但可根据所表现的症状来辨别。如泥鳅背部表皮出血发炎，严重时溃烂掉鳍条，为赤鳍病；鳅体特别是尾部出现圆形大小不一的红斑，严重时可看到骨骼，则为打印病等。

（2）体内检查　体内检查以检查鳃为主。解剖鳅体，取出鳃，从前看到后是否有寄生虫（车轮虫、舌杯虫等），然后根据观察到的虫体及数量，确定可能为何种寄生虫病。

以上检查，一般以目检（即肉眼检查）为主，镜检常用于细菌性疾病、原生动物等疾病的确诊和其他疾病的辅助诊断。方法是取少量病变组织或黏液、血液等，以生理盐水稀释后在显微镜、解剖镜或高倍放大镜下检查。

在诊断过程中，应根据现场调查结果和鳅体检查的情况综合分析，找出病因，做出正确的诊断，制定出合理的切实可行的防治措施。

（三）关于渔用药物使用准则

此部分内容可参见第一章八、黄鳝常见病害防治及用药准则部分。

（四）泥鳅常见病害的防治

1. 水霉病 由水霉、腐霉等真菌而致。

【症状】病鳅活动迟缓，食欲减退或消失。初期在病灶四周出现浑浊的小白斑，而后菌丝向外伸展，呈灰白色、柔软的棉絮状，肉眼即可识别。

在低温阴雨天气，鳅卵孵化过程中易感染；在拉网或运输过程，因操作不慎造成鳅体体表受伤也极易感染，严重时可致其死亡。

【防治方法】对鳅卵防治时，用0.5％食盐水浸洗卵1小时，连续用2～3天；或用0.04％的食盐加0.04％的小苏打浸洗20～30分钟。对病鳅用2％～3％浓度的食盐水浸洗5～10分钟；也可用医用碘酒或1％浓度的高锰酸钾涂于鳅病灶；还可用0.04％的食盐加0.04％的小苏打全池泼洒。

2. 赤鳍病（腐鳍病、烂鳍病） 由短杆菌感染所致。

【症状】背鳍附近的部分表皮脱落，呈灰白色，肌肉开始腐烂，严重时出现鳍条脱落，不摄食，衰弱至死亡。

【流行时间】主要流行于夏季，发病率较高。

【防治方法】用1％～5％的金霉素（或土霉素）溶液，浸洗

10～15分钟；每天浸洗 1 次，连续浸洗 5 天；或用 1‰～2‰四环素溶液浸洗 12 小时。

3. 打印病 由点状产气单胞杆菌点状亚种感染而致。

【症状】病灶一般椭圆形、圆形，浮肿并有红斑。患处主要在尾柄基部。

【流行时间】主要流行于 7～8 月。

【防治方法】每立方米水体用 1 克漂白粉或 2～4 克的五倍子进行全池泼洒；或用漂白粉和苦参交替治疗法：第一天，每立方米水体泼洒 1.5 克漂白粉，第二天，每立方米水体用 5 克苦参熬成的溶液，全池泼洒，连续 3 次交替使用，用药 6 天；对患病成鳅还可用 2‰浓度的石炭酸或漂白粉直接涂于患处。

4. 车轮虫病 由纤毛虫纲的车轮虫寄生所致。俯视车轮虫呈圆形，直径一般为 50 微米；侧视车轮虫像两重叠的碟片，腹面环生纤毛。虫体活动时，以纤毛做车轮般转动。多寄生于泥鳅鳃部和体表。

【症状】患病鳅初时摄食量减少，离群游；严重时虫体密布，鱼不游呆滞不动，鳃微动。不及时治疗会引起死亡。

【流行时间】5～8 月发病较多。

【预防措施】用生石灰彻底清塘，在鳅种放养前每立方米水体用 7～8 克硫酸铜溶液浸洗 15～20 分钟。

【治疗方法】用每立方米水体 0.7 克硫酸铜和硫酸亚铁（5：2）合剂全池泼洒；或每立方米水体用 30 克甲醛溶液全池泼洒；或每立方米水体用 0.5～0.7 克晶体敌百虫化水全池泼洒。

5. 舌杯虫病 由纤毛虫纲的舌杯虫寄生所致。虫体伸展时呈高脚酒杯状，体前有一圆盘状口围盘，边缘生有纤毛；虫体中部有一卵形大核；体长 50 微米左右。

【症状】虫体寄生于泥鳅的皮肤或鳃内，平时摄取周围水体的食物营养，对泥鳅没有多大影响。但若鳅苗被大量虫体寄生，会造成呼吸困难，严重时会引起死鱼。一年四季都会发病，以

5～8月较为普遍。

【预防措施】用生石灰彻底清塘；在鳅种放养前每立方米水体用8克硫酸铜溶液浸洗15～20分钟。

【治疗方法】鱼发病后，每立方米水体可用0.7克硫酸铜和硫酸亚铁（5∶2）合剂化水全池泼洒。

6. 三代虫病　由一种胎生单殖类吸虫引起的鱼病，又称环指虫病。虫体呈纺锤形，体前端有4个黑点，体后端有一固着盘，盘上有一对大钩和数对小钩。此虫三代同体，在成虫体内可见子代和孙代的胎儿雏形，故名为三代虫。

【症状】病原体寄生在鱼体体表或鳃部，可致鳅种死亡。

【流行时间】每年5～6月。

【预防措施】用生石灰清塘杀虫，以及在鳅种放养前用5%食盐溶液浸洗5～10分钟。

【治疗方法】发病后，每立方米水体用2～3克高锰酸钾；或每立方米水体用0.5～0.7克晶体敌百虫化水全池泼洒。

7. 小瓜虫病　为多子小瓜虫寄生。

【症状】肉眼观察，病鳅在皮肤、鳍、鳃上布满白点状孢囊。

【防治方法】体有小瓜虫的病鳅，可每立方米水体用高锰酸钾10～20克，浸泡15～20分钟。养鳅池发此病，可先每立方米水体用高锰酸钾5～7克化水全池泼洒；第二天每立方米水体用甲醛溶液20～30毫升溶水全池泼洒；第三天换入洁净水1/2左右，或者每立方米水体用硫代硫酸钠1.5克化水全池泼洒；第四天每立方米水体用聚维酮碘（含有效碘1.0%）1～2克化水全池泼洒。

8. 曲骨病　因孵化时水温异常，以后的饲养中又缺乏维生素而致。

【症状】鳅体脊椎骨弯曲，细小。

【防治方法】保持良好的孵化水温，并在以后的饲料中添加各种维生素。

9. 气泡病　因水质变化，水中氮气或其他气体过多所引起。所以，在培育鳅苗时，应避免投饵过多或用肥过量。

【症状】鳅体肠肚膨胀，身体失去平衡。不由自主地浮在水面，时间长了就死亡。

【防治方法】平时多加注新鲜水。发此病后，赶紧换水，其换水量在1/3以上。

10. 生物敌害　敌害种类有水蛇、鸟、凶猛鱼类、青蛙、水鼠、黄鳝、鳖、水蜈蚣、红娘华等。

【防治方法】在放养鳅种前彻底清塘；饲养管理期间，要及时清除生物敌害，特别是鳅苗、种池的管理要加强。对水蜈蚣、红娘华的清除，每立方米水可用95％的晶体敌百虫0.5～1克化水全池泼洒；对水蜈蚣，也可在水蜈蚣聚集的水草、粪渣堆处，按每平方米泼洒2～3克的用量，进行杀灭，效果较好。对于水蛇，用硫黄粉来驱赶，效果十分显著。方法是：池塘用药按每亩用硫黄粉1.5千克，将其撒在池堤四周；稻田用量为每亩2千克硫黄粉，在田埂四周撒0.75千克，鱼沟、鱼溜边撒0.5千克，田中撒0.75千克。

11. 非生物敌害　对象主要是农药中毒。尤其在稻田养鳅时，为防治水稻病虫害常使用各种农药，但为兼顾稻田养殖的泥鳅，必须选择低毒、高效、低残留农药，禁用剧毒农药。几种常用防治水稻病虫害农药的常规用药量及安全浓度见表2-10。

表2-10　几种常用防治水稻病虫害农药的常规用药量及安全浓度

农药名称	常规用量（克/亩）		安全浓度（g/m³）
	一般用量	最高用量	
井冈霉素	150		0.69
25％杀虫双水剂	150	200	1.5
10％叶蝉散可湿性粉剂	200	250	0.5
25％速可灭可湿性粉剂	100	150	1.5

（续）

农药名称	常规用量（克/亩）		安全浓度
	一般用量	最高用量	（g/m^3）
90％敌百虫晶体	75	100	2.0
50％杀螟松乳剂	50	75	0.8
50％甲胺磷乳剂	50	75	1.0
40％乐果乳剂	50	75	2.0
50％多菌灵可湿性粉剂	50	75	1.5
20％三环唑可湿性粉剂	50	75	1.5
40％稻瘟灵乳剂	50	75	0.5
40％异稻瘟净乳剂	100	125	0.5

七、泥鳅的捕捞、暂养和运输

（一）泥鳅的捕捞

一般在秋末冬初捞捕泥鳅，也可根据市场需求灵活掌握起水时间。泥鳅有底栖钻土习性，比一般鱼类较难捕捞。不同水体环境采用不同的捕捞方法。

1. 成鳅池　有三种捕捞法。

（1）食饵诱捕　即把炒米糠、蚕蛹与腐殖土混合，装入麻袋、须笼或其他鱼笼中，傍晚沉入池底，翌日太阳出来之前再取，经一夜时间可捕捞大量泥鳅。装食饵的麻袋等选择在下雨前沉入池底最好。

（2）冲水法　在出水口外系好张网，夜间排水，同时不断注入，泥鳅顺水流进入张网内，约可捕到池中60％的泥鳅。

（3）干塘法　排干池水，使泥鳅集中到集鱼坑内再网捕，或在泥鳅钻入池土后，将池底划若干小块，挖排水沟，使泥鳅集中到排水沟内捕捞。

2. 稻田　也有三种捕捞法。

（1）食饵诱捕　选择晴天用炒米糠或蚕蛹放在深水坑处诱集泥鳅后再捕捞。诱捕前应在傍晚把稻田里的水慢慢放干，再将诱饵装入麻袋或鱼笼内沉入深坑。此法在 4 月下旬到 5 月下旬的中午效果好，在 8 月夜间的效果也较理想。

（2）干法　秋后放干稻田内的水，使泥鳅集中到深坑后再网捕。

（3）茶饼聚捕法　选用存放时间 2 年内的茶饼焚烧几分钟，当茶饼微燃时取出，趁热捣成粉末，加适量清水制成团状，泡 5 小时左右。将稻田的水调整至刚好淹没泥时为止，再于稻田四角用田泥堆成斜坡并逐渐高出水面的聚鱼泥堆，面积 0.5～1 米^2，面积较大的稻田，中央也要设泥堆。将制泡好的茶饼对水后在傍晚全田均匀泼洒，聚鱼泥堆上不撒，其后不能排水和注水，也不要在水中走动。在茶饼的作用下，泥鳅钻出田泥，遇到高出水面的泥堆便钻进去。第二天早晨将泥堆中的泥鳅捕出，效果较高，成本低，一般每亩稻田用茶籽饼 5～6 千克，在水温 10～25℃时起捕率可达 90％以上。

3. 天然水体　天然水体中的鳅可采用鳅笼或麻袋捕法。若将笼、袋放在流水处，则要根据不同季节泥鳅的逆水性确定鳅笼的设置方法。4～5 月，泥鳅随水而下，笼口要朝上游设置。也可在稻田、沟渠边挖几个小坑，在坑内放入炒米糠，盖上杂草诱集泥鳅寄居，然后再用网捕。此外，还可利用泥鳅夜间活动的习性用灯光照捕。

（二）泥鳅的暂养

泥鳅捕起后，不论是内销还是外贸出口都须经数天暂养。暂养的目的是排除体内的粪便，提高运输成活率；去除泥鳅肉质的泥腥味，改善食用的口味；将分散捕起的泥鳅集中于一处，便于成批起运。泥鳅的暂养方法不少，常用的有：

1. 鱼篓暂养　用上口径 24 厘米、底径 65 厘米、高 24 厘米的鱼篓入静水中暂养，每篓放泥鳅7～8千克。如在微流水中暂养，可放10～15千克。鱼篓置于水中要有1/3部分露出水面，以便泥鳅进行肠呼吸。

2. 网箱暂养　网箱规格可按长2米、宽1米、高1.5米制作。网箱应放置在水面开阔、水质良好的河道或池塘上。暂养视水温高低、网目大小而定，一般每平方米可暂养30～40千克。在管理工作中做到勤检查、勤刷网箱。

3. 木桶暂养　各类木桶均可暂养泥鳅。如用72升容积的木桶，可放泥鳅10千克，暂养第一二天，每天换水4～5次，第三天后每天换水2～3次，每次换去水体的1/3左右。

4. 布斗暂养　选择水质清新的河川或湖沼，设置布斗时，布斗上端约1/3的部分要露出水面。一只口径24厘米、底径65厘米、深24厘米的布斗，在静水中可暂养7～8千克泥鳅，在流水中可暂养15～20千克泥鳅。

5. 水泥池暂养　需养殖较长时间或出口转运时用水泥池暂养。要特别注意换水，一般刚起捕的泥鳅每隔6～7小时换水一次，待泥鳅将泥土和粪便排清后再转入正常管理。夏季暂养时，每天换水不能少于2次，春秋每天1次，冬天隔天1次。为提高成活率，暂养时要投喂大豆和辣椒。大豆能增强泥鳅体质，辣椒是刺激剂，可减少暂养时的死亡。投喂量为每15千克鳅重可投生大豆100克，辣椒50克。

此外，暂养池宜建在方便搬运、通水性好的地方，面积以能容纳每次的出货量为宜，并注意防止鱼病的污染和鸟类等敌害生物的危害。

（三）泥鳅的运输

1. 泥鳅苗种运输

（1）运前准备　泥鳅苗种在运输前需先拉网锻炼1～2次，运输前一天停止投喂饵料，装运前先将苗种集中于网箱内暂养2～3小时，令其排出粪便，减少体表分泌的黏液，以利于提高运输成活率。

（2）装运泥鳅的规格与密度　运输时装的水量为容器的1/2～1/3。每升水体的装鳅数量要按鳅体的规格大小而定，见表2-11。

表2-11　泥鳅装运的规格与密度

鳅苗（种）体长（厘米）	运载密度（尾/升）
1.2～1.4	3 000～3 500
1.5～2	500～700
2.5～3.0	300～350
3.5～4	150～200
5～6	120～150
6.5～8	30～40
10 ～12	20～30

（3）运输管理　运输中需注意容器内水体溶氧情况，如鳅苗浮头则应及时换水。每次的换水量为总水体的1/3左右。换水的温差不要超过3℃。如途中换水有困难，应用可击水的物件在水面上下推动。运输中还应及时捞出死苗，还需用虹吸法以塑料管虹吸排尽水体中的鳅粪和剩饵。

2. 成鳅运输　因成鳅的皮肤及肠道均有呼吸功能，运输较为方便，按运程及运时可分别采用以下几种方法：

（1）无水湿法运输　常温25℃以下，运输时间在5小时以内的，可采用无水湿法运输。方法是：用水草置入蛇皮袋子或容器（一定要透空气），再放入泥鳅后泼洒些水，使其能保持皮肤湿润，即可运输。

（2）带水运输　水温在25℃以上时，运输时间在5～10小时，需带水运输。其运输工具同苗种运输工具。运放密度为每升水体1～1.2千克。还可用塑料袋充氧运输，运载用的塑料袋规格为60厘米×120厘米，双层，每袋装1/2～1/3清水，放8～10千克成鳅，装好后充足氧气，扎紧袋口，再放入硬质纸箱内即可起运。

（3）降温运输　①在运输中加载适量冰块，慢慢融化、降温。可保持泥鳅在运输途中的半休眠状态。②把鲜活泥鳅置于5℃左右的低温环境内运送。一般采用冷藏车控温，可长距离运输。

八、养殖实例

（一）池塘养鲇育鳅新技术

江苏盐都县义丰镇在前几年开始，进行了"一塘双季"特种养殖，非常成功。即第一季养殖革胡子鲇商品鱼（成鲇）市售，第二季饲养苗种泥鳅（苗鳅）出售。笔者现综合盐都县生产实践，介绍其具体养殖法。

1. 茬口安排　在水源充足、饲料丰富、运输方便、操作便利、塘口适口、面积适宜（一般鱼池面积5～8亩、水深在2米以上）的条件下，于每年12月初清塘整治，12月中下旬合理放养大规格革胡子鲇苗种，进行成鲇养殖，翌年5月起即可陆续起捕上市，到6月底起捕结束。这时需及时用药物清塘消毒，准备放养鳅苗培育，于10月底前销售。

2. 鲇鱼放养　一年养两季名特鱼类，因成鱼饲养周期短，要达到高产就必须选择吃食量大，增膘快、上市早、周期短的大规格鲇鱼种进行养殖为主，适当搭配鲢、鳙。每亩放养15～20厘米规格的革胡子鲇1 500～2 500尾，到6月上旬有80%达到上市规格，但要注意的是，鲇苗种放养规格要整齐均匀，密度要适宜。

3. 成鲇管理　第一季养殖革胡子鲇，要坚持按"四定"的方法进行投喂，日投两次，上、下午各一次，投喂量大致为总体重的5%～10%，傍晚投喂量占全天的60%～80%，保证鱼天天有饵吃，避免鲇种群间残杀。入冬后及时施足1次料肥，保证鲇肥水过冬；追施肥料应掌握"三看"（即看天气变化、看水质好差程度、看摄食和活动情况）的原则，做到常加新水，保持池水透明度在 15～25 厘米。在投饲上，采取动物性饲料和人工配合饲料相结合的强化培育，收集各种动物尸体、下脚料和一些植物性饲料等；贝壳类饲料投喂时必须将其粉碎后置于饲料台上，其他动物性饲料如蝇蛆、蚕蛹、蚯蚓、死鱼死虾、屠宰场和食品厂的下脚料均可投喂，但韧性大的需先切碎，绞成肉浆做成食团后投喂，这样可提高利用率；粉状饲料如蚕蛹粉、鱼粉、骨粉、虾壳贝粉、玉米粉、次麦粉、糠麸、饼粕粉等，最好与绞碎肉浆掺和在一起，制成混合饲料后投喂。有条件的还可将粉状饲料按照鲶营养需要制成含粗蛋白 30% 左右的颗粒饲料投喂。其参考配方为：玉米粉 20%、小麦 15%、炒熟黄豆粉 10%、菜饼粉15%、米糠 20%、蚕蛹粉 12%、鱼粉 8%。

4. 苗鳅培育 第一季养殖的革胡子鲇成鱼出塘后及时消毒清塘，在 7 月上旬根据不同塘口，每亩放养规格 3～4 厘米苗鳅0.8 万～1.0 万尾，适当搭配规格为每千克 6～8 尾草鳊150～250尾。培育期中除正常追施肥料和刈青堆肥培养水中红虫饵料生物外，每天每亩还要投喂浮萍以及水生植物的腐败茎叶 50～70 千克，以及大叶的蔬菜、青嫩草等。另外，随着鱼体长大，饵料也难以满足鱼生长需要。对此，我们根据本地实际配制混合饲料。其配方为：鱼粉 20%、豆饼粉 10%、菜饼 20%、米糠 20%、面粉 10%、猪血 20%、酵母粉等组成，投喂前，应加入一定量的水，捏成软块状，定点、定时、定位投喂。一日两次做到喂足而不胀，无饥饿现象，投喂量大致为总体重的3%～5%，傍晚投喂量占全天的 60%～70%。另外，每 10～15 天需加注 10～13 厘米新水一次，保持透明度15～20 厘米。

5. 病害防治 苗种放养前必须进行消毒。通常是把鱼种放在 3%～5% 浓度食盐水浸洗消毒5～10 分钟。"一塘双季"病害防治工作必须贯彻"全面预防、积极治疗、防重于治"的方针。通常是在鱼病流行季节前半个月用敌百虫和硫酸亚铁合剂或漂白粉或生石灰按有效量进行全池均匀泼洒，可有效地防止鲇易发的肠炎病和黑体病及泥鳅赤鳍病等。养殖期间每月每次每亩用漂白粉0.75~1 千克或生石灰 13~15 千克或用强氯精 250~270 克对水体消毒一次。另外，还要做好饲料和肥料以及食场消毒等，每日 1~2 次。在饲养管理上，主要抓好水质调节、病害防治、日常巡塘检查和防偷盗等。同时还要设法捕杀水蛇、青蛙、水老鼠等敌害生物。

（江苏省盐都县义丰镇水产站　王树林）

（二）庭院土法养泥鳅

全国闻名的"鳖鳅致富"的潢川，除有 3 万养鳖户年产鳖 75 万千克创收 4 亿元，并有上万农户利用庭院土法养泥鳅增收。如只占 200 米^2，即可年获利 1 万元。其特点是占地少、养殖易、不占劳力、投资小、效益大。因此，农户赞道："庭院好似聚宝盆，养殖泥鳅添金银，喜奔小康庆丰年，人人拍手贺新春"。其养殖土法如下：

1. 合理建池　应方向朝阳、水源充足、排灌自如、管理方便。池材不限，但要求防渗、防逃。面积 100~200 米^2，深 1 米，水深 50 厘米左右。池底铺肥泥 30 厘米，供鳅潜入栖息。池子应设进、出水口，并做拦鳅设备。

2. 清池消毒　每亩用 50 千克石灰消毒后，注入新水，并适量施些粪肥，以培肥水质。待 7~10 天石灰药性消失后，方可放养鳅种。

3. 放养鳅种　凡引购、捕捉者均可。需放 3 厘米左右、活泼健壮的鳅种。放养前应用 3％食盐水浸浴 10 分钟消毒防病。宜在 3~4 月晴天放养，每平方米水面约放养 1 千克。

4. 科学投饵　泥鳅属杂食性鱼类，养殖时，除施肥培育天然饵料外，可投喂些动物性饵料，如螺蚌、蚯蚓、蛹粉、动物下脚料等，还可搭配投喂部分植物性饵料，如米糠、豆饼、米饭、菜叶、水草等。投喂量：3 月为池内鳅总重 1％、4~6 月为 4％、7~8 月为 10％、9~10 月为 4％。秋末越冬不投。投饵应设饵料台，以免浪费。同时，投饵要适量，宜在 2~3 小时内吃完为好，否则会胀死。

5. 勤换新水　要经常观察水质变化，一般水色以黄绿色为宜，防止池水过肥。如发现泥鳅蹿出水面，说明水中缺氧，应换注新水。特别是在雷雨、闷热天气时，更要勤注新水增氧。有条件，也可用小型增氧机增氧，以防止泛池死亡。

6. 防治疾病　如常见的水霉病与鳍病，可分别用每毫升含10～15微克的抗生素溶液浸浴10分钟。

7. 消除敌害　如常见的水蜈蚣、夹子虫等，可用煤油灯诱杀。

实践证明，按上法只养120～150天，鳅可长到10～15厘米，达到出口规格。如200米²，即年产500千克，获利1万元，效益非常可观。

（河南省潢川县水利局　张德珠）

（三）稻田养泥鳅

为增加泥鳅产量，满足出口需要，发展高效生态农业，致富稻农，1996年沟沿镇立志村村民于长河利用1 734米²稻田养泥鳅。在没有搞田间工程的条件下，每亩净产泥鳅92.3千克、水稻650千克、收益1 797.08元，比未养鱼稻田每亩增收1 297.08元。现总结如下：

1. 稻田条件　养泥鳅稻田1 734米²，水源为辽河水，排灌水方便，保水性较好，与未养鱼稻田条件相同，没有在田间挖鱼沟和鱼溜，只在进排水口埋设管道和设拦鱼网固定扎牢。

2. 整地和施底肥　栽秧苗前半个月，整田耙地，每亩施尿素1.5千克、二铵（作者注：硫酸铵和氯化铵）10千克做底肥。四周田埂加宽、加高50厘米。

3. 栽秧和追肥　5月25日栽稻秧，水稻品种辽454，株行距9×4，每穴栽4～5株；6月2日，每亩追返青肥碳酸氢铵15千克；6月10日，每亩追分蘖肥尿素10千克；6月27日，追2次分蘖肥，每亩施10千克尿素。

4. 防逃设施　放鱼前，在田埂稻田一例围高60厘米、埋土里 30 厘米的塑料薄膜，用木杆制成骨架，支撑塑料薄膜保持平直。注排水口设水管用网固定扎牢。

5. 放养鱼种　6 月 30 日投放 6～8 厘米泥鳅种共 1 200 千克，每亩均放 461.5 千克，尾均重 3.4 克，每亩均放 135 746 尾。

6. 饲养管理　投喂饲料和施肥。投喂饲料主要是豆腐渣，每天投 5 千克，共投喂 250 千克。共施肥 2 次，施鸡粪 500 千克。阴天和气压低闷热天不投饵也不施肥。一般 5～7 天换水 1 次，保持水质清新。发现水色变浓，要及时换水，水深保持 10～20 厘米。每天检查注排水闸周围是否有漏洞，栏网是否损坏，防止逃鱼。经常观察鱼活动情况，检查是否有病，防止敌害残食。管理人员昼夜看护，发现问题及时解决。

7. 产量　①鱼产量：9 月 1 日开始用 20 只须笼诱捕，到 9 月 7 日基本捕完。共捕获 1 440 千克，规格 10～12 厘米，平均尾重 12 克，共 120 000 尾。每亩毛产 553.85 千克、净产 92.3 千克。回捕率 34％。②稻谷产量：经实收检查，稻谷总产 1 690 千克，每亩产 650 千克，比未养鱼稻田每亩增产稻谷 50 千克。

8. 经济效益　①总产值 10 578 元。每亩产值 4 068.46 元，其中泥鳅产值为 2 769.23 元。②总成本 5 905.60 元。每亩成本 2 271.38 元，其中泥鳅 1 615.38 元、水稻 656.00 元 。③总收益 4 672.40 元。每亩均收益 1 797.08 元，其中泥鳅 1 153.85 元、水稻 643.23 元。养泥鳅稻田比未养泥鳅稻田每亩增加收益 1 297.08 元，增幅 2.6 倍。

（四）鳝、鳅、鲢、鳙、莲藕生态兼作

莲藕塘中有许多底栖动物、水生昆虫、小型软体动物、甲壳动物、浮游动物和高等水生植物，可用来发展鳝、鳅、鲢、鳙等鱼养殖。我们根据生态学原理，采取莲藕兼作复养鳝、鳅、鳙等鱼，实行多元复合结构立体开发，使莲藕塘收入提高 2～3 倍。现综合盐城地区生产实践，介绍其生态兼作方法如下。

1. 池塘建设　选择水源充足、进排水通畅、水质无污染、土质肥沃、地势平坦、保水强的池塘。以自然池塘为单位面积 10～20 亩，池深 1～1.5 左右，塘底淤泥厚 20～40 厘米，并在泥中掺拌一定量的植物秸秆和猪牛鸡粪等。莲藕兼作要筑好塘基，要构筑高达 70 厘米以上塘基，以防暴雨来临时，塘水外溢，苗种逃逸。有条件的四周用砖、水泥砌成高 50～70 厘米的防逃墙，壁顶上用横砖覆盖，使壁顶呈 T 字形，以避免黄鳝用尾巴钩墙外逃，并刮一层水泥浆，堵住漏洞。进出水口设不锈钢金属密眼栏网。水深保持 15～50 厘米，利于鳝、鳅摄食和呼吸，春季下藕种时应相应减少藕种量，以防荷叶过多挡住阳光，适量荷叶有利于鱼夏天避暑，一般亩用藕种 200～250 千克。

2. 苗种放养　选健壮无病、无伤、大小均匀、身体背侧呈黄色，有黑褐色斑点的鳝种放养，规格每千克 30 尾左右，亩放养 3 000～5 000 尾；泥鳅苗规格 0.5 克，要求一致，亩放 6 000～10 000 尾；适当搭养鲢、鳙，规格每千克 10～15 尾，亩放 500～700 尾。在 6 月前后放养鲢、鳙的夏花，亩放 700～2 000 尾，作鳝、鳅活体饵料，但要注意忌放青、鲤。如莲藕兼作放养草鱼，实行"以萍养草"，则要每天投喂新鲜浮萍和渔用草，养殖期间，草鱼饲料投入不能中断或少投，以免草鱼转食莲叶，造成损失。

3. 饲料投喂　黄鳝以动物性饵料为主，植物性饵料为辅，饲料要新鲜，变质饲料不可喂。刚放养的鳝苗先喂小块的动物性饵料，待驯化后再喂配合饲料。塘内先放养鳝苗，待适应配合饲料后，再放养泥鳅苗，同时放养会影响鳝鱼驯化。泥鳅以植物性饵料为主，如水草、菜叶、米糠、豆饼、米饭，辅以动物性饵料和配合饲料，投饲量为体重的 5％左右。鲢、鳙以向塘中泼洒发酵的粪水培育增殖浮游生物作饵，每次每亩用量 50～100 千克；同时又为泥鳅提供优质浮游生物饵料。

4. 疾病防治　病种放养前用 10％的高锰酸钾溶液或 3％～5％食盐浸洗 5 分钟，要坚持以防为主，发现疾病及时治疗。

5. 日常管理　注意控制水位，水深保持 15～50 厘米左右。

夏季汛期要注意水位上涨，防止鳝、鳅外逃，7～8月高温季节，要及时换水或加注新水。鲢、鳙可在"秋分"至"冬至"时收获。鳝、鳅可用双手依次逐块翻泥取出，如果留待春节前后出售，鳝、鳅越冬期间，要做好防冻工作，可排水或覆盖防冻。带水越冬时，水层不能过浅，以防结冰。黄鳝从投放苗种饲养3个月，可长到30～40厘米，亩产鳅200千克左右，产藕2 000～3 000千克。实践证明，鳝、鳅、鲢、鳙生态兼作，莲藕塘中大量的底栖动物、水生昆虫、小型软体动物、甲壳动物等都可作其自然活饵，加之人工投饵，更有利其生长发育；同时通过向塘中泼洒猪牛粪等有机肥来增殖浮游生物，实行"肥水养鱼"，为其提供优质饵料，从而形成共生互利，相互促进的高产养殖生产模式。

（江苏省盐都县义丰镇水产站　王树林）

九、泥鳅的医用和食用技术

（一）泥鳅的医疗食用

取活泥鳅放入清水中暂养，在水中滴入一些植物油，每天排污再注入新水，待其体内排泄物排尽后待用。

常用的治病服法有：

（1）将洗净的泥鳅入锅用文火烘干，研成粉末。服时每次取5克，用温开水送服，每日服3次。对治疗急慢性肝炎有疗效，可消除黄疸，具有保肝、促使肿胀的肝脾回缩的功能。

（2）活泥鳅采用上述方法暂养后，与等量的鲜活虾煮汤食用，可治疗肾虚引起的阳痿。

（3）取活泥鳅100～200克，用花生油煎至透黄后加入水和盐，煮熟后食用，具有补脾、肾和健胃的作用。

（4）将泥鳅洗净后放入盆内，在泥鳅体表撒上适量的白糖，稍待片刻，取其体表黏液，外敷可治湿疹、丹毒、神经痛、关节炎及腮腺炎；若以温开水冲服，可治小便不畅及热淋。

（5）泥鳅和红糖一起捣碎后敷于乳癌病人的患处，很有功效。

（二）泥鳅的烹饪技术

泥鳅肉味鲜美、营养丰富，是一种风味独特的佳肴，故有"天上的斑鸠、地下的泥鳅"之誉称。泥鳅的烹饪方法多样，现介绍几种具有代表性的名菜和家常菜的制作方法。

1. 泥鳅钻豆腐

（1）原料　活泥鳅 200 克（约 10 尾），生姜 3 克，小葱 3 克，鸡油 50 克，豆腐 500 克，味精 5 克，细盐 5 克，胡椒 0.5 克，胡萝卜 1 个，鸡蛋 3 个。

（2）准备工作　首先将泥鳅放入水中暂养 3 天，每天换 1 次水并吸尽泥鳅体内排出的污物。第三天下午，打 2 个鸡蛋，倒进养泥鳅的水体内，泥鳅此时会争食鸡蛋，直到泥鳅腹部隐隐可见食下蛋黄的黄色时，将泥鳅捕起放入一盛水盆中，再打开另一个鸡蛋取出蛋黄用筷子搅匀后倒入盆内，用手将泥鳅身上的黏液洗干净。其次将生姜去皮，切成细末。小葱切成葱花，胡萝卜切成花瓣样 4 片。

（3）烹调方法　将大沙锅放在微火上，加汤汁，把一块较大正方形的老豆腐和泥鳅同时放入沙锅内，加盖，慢慢加热，随温度上升泥鳅钻进温度略低的豆腐里，整个鳅体完全藏于豆腐中，至汤烧沸后再炖约 30 分钟，至豆腐起孔时，放入细盐、味精、鸡油，再炖 1～2 分钟，即将沙锅端离火眼，把葱花、生姜末撒在豆腐上，胡萝卜花摆在沙锅的四周，盖上盖，再炖一下，撒上胡椒即成。

2. 火腿炖鳅汤

（1）原料　泥鳅 250 克，火腿 50 克，花生仁 100 克，姜 2 片，细盐 10 克，胡椒粉 0.5 克，味精 7.5 克，熟油 25 克，黄酒 15 克，小葱 3 克，清水 2 升。

（2）准备工作　首先将活泥鳅放入竹篾箩里浸入开水中，死后用冷水洗去黏液，剖去内脏和鳃，洗净。其次将火腿洗净后切成丝，小葱切成葱花。然后用 70℃ 的热水浸花生仁，约 5 分钟后去花生衣。

（3）烹调方法　先将熟油 25 克，放入锅里用旺火烧热，把洗净的泥鳅放入煎熟，烹上黄酒，随后加入清水。然后把姜片、花生仁、火腿丝都放入，用旺火煮沸 10 分钟后用慢火炖透，汤约存 1 500 克时，再把细盐、味精放入，待略滚几分钟揭盖加入胡椒粉、葱花便可食用。

3. 泥鳅糊

（1）原料　活的大泥鳅约 1 000 克，叉烧 15 克，熟鸡丝 15 克，熟鸭丝 15 克，生姜丝 5 克，青椒丝 10 克，蒜泥 10 克，胡椒粉 1 克，黄酒 15 克，酱油 75 克，白糖 30 克，味精 15 克，麻油 10 克，湿淀粉 25 克，汤 50 克，熟油 100 克。

（2）准备工作　先将活泥鳅放入竹篾箩里，浸入开水锅中，待死后捞起，洗去黏液，去皮、鳃、内脏及骨，取出泥鳅肉切成长 5 厘米的丝，用冷水洗净沥干候用。青椒丝用开水烫过，待用。

（3）烹调方法　将炒锅烧热，放熟油 25 克，烧至七成热时，把泥鳅丝放入略煸，加入黄酒、酱油、糖、汤，煮 1 分钟后加入味精，用湿淀粉调稀，起锅放入汤盆中，然后用炒勺背在泥鳅糊中心揿一个凹潭，将鸡丝、鸭丝、叉烧丝、青椒丝放在凹潭四周，把大蒜泥放在凹潭中间，撒上胡椒粉、麻油，再将 50 克熟油下锅烧至冒青烟，倒入糊潭内，立即上桌，吃时拌匀。

4. 豉姜炖泥鳅

（1）原料　活泥鳅 500 克，姜片 10 克，豆豉 15 克，细盐 5 克，蒜茸 5 克，酱油 25 克，熟油 15 克，清水适量。

（2）准备工作　将泥鳅放入竹篾箩里盖好，用热水烫死，再用冷水洗尽黏液并去鳃及内脏，洗净，切成 5 厘米长的块。

（3）烹调方法　锅烧热后再放入熟油，爆过蒜茸后加入清水。然后将姜片、豆豉、细盐、酱油放入锅内，沸后再将洗净的泥鳅块放入锅内，加水至刚好没过泥鳅块，不宜太多。再旺火煮开后，改用文火熬至汤汁起胶状，即可起锅。

第三章

鱼类动物性活饵料的培育方法

一、水蚤的培育

枝角类又称水蚤，隶属于节肢动物门、甲壳纲、枝角目，是淡水水体中最重要的浮游生物组成之一。枝角类不仅具有较高的蛋白质含量（占干重 40%～60%），含有鱼类营养所必需的重要氨基酸，而且维生素及钙质也颇为丰富，再加上体形的大小正好适合作幼小苗种的开口食料，是饲养鱼类及虾蟹幼体的理想适口活饵料。以往对枝角类的利用主要采用池塘施肥等粗放式培养，或人工捞取天然资源，这些都在很大程度上受气候、水温等自然条件限制。随着鱼、鳝、鳅、虾、蟹养殖业的蓬勃兴起及苗种生产的不断发展，对枝角类的需求不仅数量大，同时要求能人为控制，保障供给。因此，近年来大规模人工培育枝角类已受到普遍重视。

（一）培养种类及培养条件

枝角类培育对象应选择生态耐性广、繁殖力强、体形较大的种类。溞属中常见的大型溞、蚤状溞、隆线溞、长刺溞及裸腹溞属中的少数种类均适于人工培养。人工培养的溞种来源十分广泛，一般水温达 18℃以上时，一些富营养水体中经常有枝角类大量繁殖，早晚群集时可用浮游动物网采集；在室外水温低，尚无枝角类大量繁殖的情况下，可采取往年枝角类大量繁殖过的池塘底泥，其中的休眠卵（冬卵）经一段时间的滞育期后，在室内给以适当的繁殖条件，也可获得溞种。

枝角类虽多系广温性，但通常在水温达 16～18℃ 以后才大量繁殖，培养时水温以 18～28℃ 为宜。大多数种类在 pH6.5～8.5 环境中均可生活，最适 pH 为 7.5～8.0。枝角类对环境溶氧变化有很大的适应性，培养时池水溶氧饱和度以 70%～120% 最为适宜。有机耗氧量应控制在 20 毫克/升左右。

枝角类对钙的适应性较强，但过量镁离子（大于 50 毫克/升）对生殖有抑制作用。人工培养的溞类均为滤食性种类，其理想食物为单细胞绿藻、酵母、细菌及腐屑等。

（二）培养方式

1. 室内小型培养 室内小型培养规模小，各种条件易于人为控制，适于种源扩大和科学研究。一般可利用单细胞绿藻、酵母或 Banta 液进行培养。烧杯、塑料桶、玻璃缸等都可作为培养容器。利用绿藻培养时，可在装有清水（过滤后的天然水或曝气自来水）的容器中，注入培养好的绿藻，使水由清变成淡绿色，即可引种。利用绿藻培养枝角类效果较好，但水中藻类密度不宜过高，一般将小球藻的密度控制在 200 万个/毫升左右，而栅藻45 万个/毫升已敷需要，密度过高反而不利于枝角类摄食。利用Banta 液培养时，先将自来水或过滤天然水注入培养器内，然后每升水中加入牛粪 15 克、稻草或其他无毒植物茎叶 2 克、肥土20 克。粪和土可以直接加入，草宜先切碎，加水煮沸，然后再用。施肥完毕后用棒搅拌，静置 2 天，每升水可引种数个，引种后每隔 5～6 天追肥一次。Banta 液培养的枝角类通常体呈红色，产卵较多。利用酵母培养枝角类，应保证酵母的质量，投喂量以当天吃完为宜，酵母过量极易腐败水质。此外，酵母培养的枝角类，其营养成分缺乏不饱和脂肪酸，故在投喂鱼虾之前，最好用绿藻进行第二次强化培育，以弥补单纯用酵母的缺点。

2. 室外培养 室外培养枝角类规模较大，若用单细胞绿藻液培养，占时占地，工艺太复杂。因此，通常采用池塘施肥或植物汁液法进行，土池或水泥池均可作为培养池，池深约 1 米，大小以 10 米² 以内为宜，最好建成长方形。先在池中注入约 50 厘米深的水，然后施肥。水泥池每平方米投入畜粪 1.5 千克作为基肥，以后每隔一周追肥一次，每次 0.5 千克左右，每立方米水体加入沃土 2 千克，因土壤有调节肥力及补充微量元素的作用。土池施肥量应较高，一般为水泥池的 2 倍左右。利用植物汁液培养时，先将莴苣、卷心菜或三叶苜蓿等无毒植物茎叶充分捣碎，以每平方米 0.5 千克作为基肥投入，以后每隔几天，视水质情况酌情追肥。上述两种方法，均应在施基肥后将池水暴晒 2～3 天，并捞去水面渣屑，然后再引种。引种量以每平方米 30～50 克为宜（以平均 1 万个溞体为 1 克估算）。如其他条件合适，引种后约经 10～15 天，枝角类大量繁殖，布满全池，即可采收。

3. 工厂化培养　近年来，国外已开展了枝角类的大规模工厂化培养，主要的培养种类为繁殖快、适应性强的多刺裸腹溞。这种溞为我国各地的习见种，以酵母、单细胞绿藻进行培养，均可获得较高产量。室内工厂化培养，采用培养槽或生产鱼苗用的孵化槽都可以。培养槽达几吨甚至几十吨，可以用塑料槽或水泥槽，一般一只 15 吨的培养槽其规格可定为 3 米×5 米×1 米，槽内应配备通气、控温和水交换装置。为防止其他敌害生物繁殖，可利用多刺裸腹溞耐盐性强的特点，使用粗盐将槽内培养用水的盐度调节到 1～2。其他条件应控制在最适范围之内，即水温 22～28℃，pH8～10，溶氧 5 毫克/升以上。枝角类接种量为每吨水 500 个左右。如用面包酵母作为饲料，应将冷藏的酵母用温水溶化，配成 10%～20% 的溶液后向培养槽内泼洒，每天投饵 1～2 次，投饵量约为槽内溞体湿重的 30%～50%，一般以在 24 小时内被吃完为适宜。接种初期投饵量可稍多一些，末期酌情减少。如果用酵母和小球藻混合投喂，则可适当减少酵母的投喂量。接种 2 周后，槽内溞类数量可达高峰，出现群体在水面卷起漩涡的现象，此时可每天采收。如生产顺利，采收时间可持续 20～30 天。

（三）培养技术要点

1. 挑选溞种   用于培养的溞种要求个体强壮，体色微红，最好是第一次性成熟的个体，显微镜下观察，可见肠道两旁有红色卵巢。而身体透明、孵育囊内富有冬卵、种群有较多雄体的都不宜用来接种。

2. 培养方法   人工培养枝角类虽工艺简单，效果显著，但种群的稳定性仍难以控制，甚至短时间（一昼夜或几小时）内会发生大批死亡现象。为了便于管理，培养池面积宜小而数量宜多。

正常情况下，枝角类以孤雌生殖方式进行繁殖，种群生长迅速，但环境条件一旦恶化或变化剧烈，其即行两性生殖，繁殖速度明显减慢。因此，培养时应保持环境的相对稳定，避免饥饿、水质老化及温度、pH大幅度变化。同时应注意观察枝角类的状态，如发现枝角类群体中幼体数少于成体数等现象，都是培养情况不良造成的，应抓紧采取措施或重新培养。

培养池四周不应有杂草，杂草丛生不仅消耗水中养分，同时更易使有害生物繁殖。夏秋傍晚时分，应用透气纱窗布将培养容器盖严，以防蚊虫入水产卵。小型枝角类繁殖快，鱼类适口性好。有时需要培育小型种类，则可用极低浓度（每立方米水体化0.5克药）的敌百虫药液控制大型种类。

3. 收溞及留种   如连续培养，每次溞类采收量应控制在池内现存量的20%～30%，一般可用手抄网采集成团溞休。生产结束时，为给下一次培养准备溞种，可在培养达到较大密度时，在较高水温条件下（25～30℃）饥饿数天，获取大量冬卵。冬卵可吸出后阴干，装瓶蜡封，存放在冰箱或阴凉干燥处，也可以不吸出，留在原培养容器或池塘中，再次培养时，排去污水，注入新鲜淡水，冬卵即会孵化。

二、蚯蚓的培育

蚯蚓是黄鳝特别喜食的饵料，一般钓黄鳝都是用蚯蚓作诱饵。蚯蚓属于环节动物门、寡毛纲的陆栖无脊椎动物。蚯蚓富含蛋白质，据分析，蚯蚓干体含粗蛋白质 61.93%，粗脂肪 7.9%，碳水化合物 14.2%。蚯蚓的培育技术要点如下：

（一）饲养条件

1. 场所的选择　蚯蚓喜温、喜湿、喜安静，怕光、怕盐。适宜温度为 5～30℃，最适温度在 20℃ 左右，32℃ 以上停止生长，10℃ 以下活动迟钝，5℃ 以下处于休眠状态。蚯蚓生长繁殖的环境，以中性或微碱性为宜，最适 pH7.4～7.6。蚯蚓饲养场所应遮阴避雨，避免阳光直射，排水、通风良好，湿度适宜，环境安静，无农药和其他毒物污染，并能防止鼠、蛇、蛙、蚂蚁等的危害。既可在室外饲养（青饲料地或十字边地），也可在室内饲养（水泥池养殖床、多层式箱养、盆养）。室内工厂化养殖适宜养殖赤子爱胜蚓，室温控制在 15℃ 以上，可全年连续生产。

2. 饲养池的修建　养殖池四周用砖砌墙，水泥抹缝，底面稍倾斜，较低一侧墙脚设排水孔。饲养威廉环毛蚓的池，墙高60 厘米，面积 5 米² 左右为宜；饲养赤子爱胜蚓的池，墙高 40 厘米，面积 3 米² 左右为宜。养殖床四周设宽 30 厘米、深 50 厘米的水沟，既可排水，又可作防护沟。

（二）培养基料的制备

培养基料是供给蚯蚓营养的基础料。基料中的各种成分要拌和均匀，使质地疏松，呈咖啡色，pH6.8～7.6。

1. 基料成分　培养基料包括粪料和草料。粪料如牛、马、猪、羊、兔、鸡等的粪便，亦可用食品下脚料、烂菜、瓜果等，占基料的 70%。草料如杂草及各种树叶等，占基料的 30%。亦可用生活垃圾堆制。

2. 堆制方法　一层粪料、一层草料，边堆料，边分层浇水，下层少浇，上层多浇。堆制后第二天堆温开始上升，4～5 天后堆温上升到 75～80℃，以后逐渐下降，当降到 60℃ 时进行翻堆，重新堆制，以后再翻几次，翻堆时适当洒水。堆制时间一般为 30 天左右。

（三）饲料的制作

饲料种类有粮油下脚料、麦麸、米糠、牲畜粪便等蛋白质含量高的成分以及烂水果、植物茎叶等纤维素含量高的成分。蚯蚓饲料必须经发酵熟化。亦可直接用牛、马、猪、鸡等的粪便堆制发酵；或用粪肥 70%、作物秸秆或青草 20%、麦麸等 10%，混合均匀，堆制发酵。

无论是基料或饲料，都必须充分腐熟分解，无不良气味，呈咖啡色才能使用。

（四）养殖蚯蚓的种类

目前用于养殖的蚯蚓种类有：

1. 威廉环毛蚓 这种蚯蚓适应性强，个体较大，繁殖率低。体长 150～250 毫米，背面青黄、灰绿或灰青色（俗称青蚓），常栖息于菜园、苗圃、桑园等地。

2. 赤子爱胜蚓 这种蚯蚓食性广、繁殖率高、适应性强、生活周期短，是国内外重点研究养殖的种类，如大平二号、北星二号都属赤子爱胜蚓。体重 0.4 克左右即性成熟，在良好条件下全年可产卵茧。成蚓体长 90～150 毫米，背面及侧面橙红色，腹部略扁平。喜栖息于腐殖质丰富的土表层。特别是大平二号蚯蚓，人工养殖的较多。因其适应性强、繁殖快、个体小、肉质比例高，人工养殖年内繁殖增重达 10 倍以上，养得好可增重 50 倍，最高可达 100 倍左右。每立方米基料年产蚯蚓可达 40 多千克。

（五）饲养方法

1. 饲养密度 在适宜的条件下，威廉环毛蚓饲养密度为每平方米 2 000 条左右；赤子爱胜蚓为每平方米 20 000 条左右。

2. 投喂方法

（1）上投法 当养殖床表层的饲料已粪化时，将新饲料撒在原有饲料上面，约 5～10 厘米厚。

（2）下投法 将原饲料从床位内移开，新饲料铺在原来床位内，再将原来饲料连同蚯蚓铺在新料之上。

（3）侧投法 在原饲料床两侧平行设置新饲料床，经 2～3

昼夜或稍长时间后，成蚓自行进入新饲料床。此法适用原饲料床内已存有大量蚓茧和幼蚓，或原养殖床已堆积到一定高度，而且大部分粪化时。

隔天投喂或隔数天投喂都可以，当饲料大部分粪化后即可投喂新饲料。蚯蚓每天吃的饲料量约等于自己的体重。一条赤子爱胜蚓（成蚓）的体重约为 0.4 克，1 万条成蚓每天可吃 4 千克食物。

3. 日常管理　蚯蚓生活史包括繁殖期、卵茧期、幼蚓期和成蚓期。日常管理工作包括：各生长时期的饲料投喂、调整饲养密度、保持温度及清理蚓粪。前期幼蚓个体小、活动弱，饲养密度每平方米 5 万～6 万条；后期幼蚓个体长大，活动增强，应扩大养殖面积，每平方米 2 万条左右。成蚓性已成熟，应挑选发育健壮、色泽鲜艳、生殖带肿胀的蚯蚓，更新原有繁殖群体。每年 3～7 月和 9～11 月是蚯蚓的繁殖旺季，饲料中应增加优质、细碎的饲料。饲养过程中保持湿度为 60％～70％。

（六）清理蚓粪及收蚓

清理蚓粪的目的是减少养殖床的堆积物并收获产品，清理时要使蚓体与蚓粪分离，对早期幼蚓可利用其喜食高湿度新鲜饲料的习性，以新鲜饲料诱集幼蚓；对后期幼蚓、成蚓和繁殖蚓可用机械和光照及逐层刮取法分离，即用铁爪扒松饲料，辅以光照，蚯蚓往下钻，再逐层刮取残剩饲料及蚓粪，最后获得蚯蚓团。

三、蝇蛆的培育

蝇蛆也是黄鳝喜食的饲料，培育 1 千克鲜蛆的成本 0.6 元左右。在常温下，从孵化到提取蝇蛆约需 4 天。据测定，鲜蛆蛋白质含量为 55％～63.1％，脂肪占 13.4％，糖类占 15％，灰分占 6.6％；并含有丰富的氨基酸，已经测出的有 18 种。其中必需氨基酸总量是鱼粉的 2.3 倍，蛋氨酸和赖氨酸分别是鱼粉的 2.7 倍和 2.6 倍。还含有多种维生素和无机盐。因此，无论直接投喂或干燥打成粉、制成人工颗粒饲料投喂均可。

（一）蝇蛆的来源

可向一些已引进家蝇的单位购买，如北京药用动物研究所、四川达县地区鱼种站等均有出售。

（二）蝇蛆培育场地

遗弃的禽、畜养殖房，旧保管室均可，但门窗必须关闭严实，光照要理想。

（三）饲养种蝇设施

用长、宽、高为 70 厘米×40 厘米×10 厘米的敞口盒状容器，作蝇蛆培养盘；另需准备竹制（或木制）多层蛆盘存放架、羽化缸、蝇笼、普通称料秤、拌料盆等。

（四）培养方式

1. 引蝇育蛆法 夏季苍蝇繁殖力强，可选择室外或庭院的一块向阳地，挖成深 0.5 米的坑，大小视自己的需要而定。用砖砌好，再用水泥抹平，用木板或水泥板作为捂盖，并装上透光窗，用玻璃或塑料薄膜布封闭窗户，再开一个长 20 厘米、宽 10 厘米的小口，池内放置小动物尸体或人畜粪便，引诱苍蝇进入里面下蛆。需要注意的是不能让苍蝇飞出。苍蝇的饲料最好选用新鲜粪便，效果更佳。大约经过 10 天多，每平方米面积可产蛆 6 千克左右，不仅个体大，而且肥胖，捞出即可饲喂鱼类。

2. 土堆育蛆法 此法是将垃圾、洒精、草皮、鸡毛等混合搅成糊状，堆成小土堆，用泥浆封好，大约 10 天后，可生产大量蝇蛆。

3. 豆腐渣育蛆法 用豆腐渣、洗碗水各 25 千克，放入缸内拌匀，经过 3～5 天，缸内便会自然繁殖出大量的蝇蛆，把蛆捞出，拌入饲料内喂鱼类。还可将豆腐渣发酵后，放入土坑，加一些淘米水，搅拌后将口封好，5～7 天后，也会产生大量蝇蛆。

4. 牛粪育蛆法 把晒干粉碎的牛粪混合在米糠内，用污泥堆成小堆，盖上草帘，约 10 天后，同样可长出大量小蛆，翻开土堆，将蛆轻轻分开后，再把原料堆好，隔几天后，又可生出许多蝇蛆。

（五）种蝇的饲养管理

若是引种全人工繁育蝇蛆，需按下面方法操作：

（1）将蝇蛹用清水洗净，消毒，晾干，盛入羽化缸内，每个缸放置蛹 5 000 粒左右，然后装入蝇笼，待其羽化。这样每只蝇笼家蝇数量即控制在 500 只左右。

（2）待蛹羽化（即幼蛹脱壳而出）5％左右时，开始投喂饵料和水。

（3）种蝇的饵料可用畜禽粪便、打成糨糊状的动物内脏、蛆浆或红糖和奶粉调制的饵料。如果用红糖、奶粉饵料，每天每只蝇用量按 1 毫克计算。室温在 20～30℃时，可一次投足，超过此温度时分两次添加，饵料厚度 4～5 毫米为宜。

（4）种蝇开始交尾后不得超过 2 天，即应将产卵缸放入蝇笼。

（5）接卵料采用麦麸加入 0.01％～0.03％浓度的碳酸铵水调制，湿度控制在 65％～75％，混合均匀后盛在产卵缸内，装料高度为产卵缸的 2/3，然后放入蝇笼，集雌蝇入缸产卵。每天收卵 1～2 次，每次收卵后将产卵缸中的卵和引诱剂一并倒入培养基内孵化。

（6）每批种蝇饲养 20 天后即行淘汰，其方法是移出饵料和饮水，约 3 天种蝇即被饿死。淘汰种蝇后的笼罩和笼架应用稀碱水溶液浸泡消毒，然后用清水洗净晾干。

（7）蝇蛆饲养管理中（指引种全人工繁育蝇蛆）要注意 4 个方面：①培养基的选择，蝇蛆以发酵霉菌为食料，麦麸是较好的发酵霉菌培养材料，将麦麸加水拌匀，使其湿度维持在 70％～80％，盛入培养盘。再将卵粒埋入培养基内，让其自行孵化。一般每只盘可容纳麦麸 3.5 千克。②按每只盘平均日产蛆 0.5 千克设计培养盘的数量。③放卵量的计算，卵粒重 0.1 毫克，2 克卵约 20 000 个卵粒，可产鲜蛆 0.5 千克，1 个培养盘约可置卵 8 克。④随着蛆的生长和麦麸的发酵，盘内温度逐步上升，最高可达 40℃以上，这会引起蝇蛆死亡，因此要注意降温。

（六）产量与成本

根据四川省达县地区鱼种站从 8 月到 10 月下旬统计，蝇蛆日产量达 25 千克，生产 1 千克鲜蛆成本为 0.6 元，加工成 1 千克蛆粉成本为 2 元。

四、黄粉虫的培育

黄粉虫可以代替蚯蚓、蝇蛆作为黄鳝、泥鳅、对虾、河蟹的活饵料。黄粉虫营养价值很高，据报道，黄粉虫含蛋白质 47.68%，脂肪 28.56%，碳水化合物 23.76%。黄粉虫养殖技术简单，一人可管理几十平方米养殖面积，可以立体生产。黄粉虫无臭味，可以在居室中养殖。成本低，1.5~2 千克麦麸可以养成 0.5 千克黄粉虫。

（一）黄粉虫的生活习性

黄粉虫在 0℃ 以上可以安全越冬，10℃ 以上活动吃食。在长江以南一年四季均可繁殖。在特别干燥的情况下，黄粉虫尤其是成虫有互相残食的习性。黄粉虫幼虫和成虫昼夜均能活动摄食，但以黑夜较为活跃。成虫虽然有翅，但绝大多数不飞跃，即使个别的飞跃，也飞不远。成虫羽化后 4~5 天开始交配产卵。交配活动不分白天黑夜，但夜里多于白天。1 次交配需几小时，一生中多次交配，多次产卵，每次产卵 6~15 粒，每只雌成虫一生可产卵 30~350 粒，多数为 150~200 粒。卵粘于容器底部或饲料上。成虫的寿命 3~4 个月。

卵的孵化时间随温度高低差异很大，在 10~20℃ 需 20~25 天可孵出，25~30℃ 只需 4~7 天便可孵出。为了缩短卵的孵化时间，应尽可能保持室内温暖。幼虫经过 17~19 天休眠，大约 75~200 天的饲养，温高时间短，温低时间长，一般体长达到 30 毫米，粗 8.5 毫米。幼虫活动的适宜温度为 13~32℃，最适温度为 25~29℃，低于 10℃ 少活动，低于 0℃ 高于 35℃ 有被冻死或热死的危险。幼虫很耐干旱，最适湿度为 80％～85％。末眠幼虫化为蛹，蛹光身睡在饲料堆里，并无茧包被。蛹有时自行活动，将要羽化为成虫时，不时地左右旋转，几分钟或十几分钟便可脱掉蛹衣羽化为成虫。蛹期较短，温度在 10～20℃时 15～20 天可羽化，25～30℃时 6～8 天可羽化。

黄粉虫属杂食性，五谷杂粮及糠麸、果皮、菜叶等均可作饲料。人工饲养主要喂食麦麸、米糠和菜叶等。

（二）培育方式

黄粉虫的培育技术比较简单，根据生产需要可进行大面积的工厂化培育或小型的家庭培育。

1. 工厂化培育　这种生产方式可以大规模提供黄粉虫作为饵料。适合黄鳝、泥鳅、鳖等的养殖需要。工厂化养殖的方式是在室内进行的。饲养室的门窗要装上纱窗，防止敌害进入。房内安排若干排木架（或铁架），每只木（铁）架分 3～4 层，每层间隔 50 厘米，每层放置 1 个饲养槽，槽的大小与木架相适应。饲养槽可用铁皮或木板做成，一般规格为长 2 米、宽 1 米、高 20 厘米。若用木板做槽，其边框内壁要用蜡光纸裱贴，使其光滑，防止黄粉虫爬出。

2. 家庭培育　家庭培育黄粉虫，可用面盆、木箱、纸箱、瓦盆等容器放在阳光下或床底下养殖。容器表面太粗糙的，可在内壁贴裱蜡光纸。

（三）饲料及其投喂法

人工养殖黄粉虫的饲料分两大类：一类是精料——麦麸和米糠；一类是青料——各种瓜果皮或青菜。

精料使用前要消毒晒干备用，新鲜麦麸也可以直接使用。青料要洗去泥土，晾干再喂。不要把过多的水分带进饲养槽，以防饲料发霉，发霉的饲料最好不要投喂。

（四）温度与湿度

黄粉虫是变温动物，其生长活动、生命周期与外界温度、湿度密切相关。各态的最适温度和相对湿度如表 3-1。

表 3-1　黄粉虫各态最适温、湿度

虫态	卵	幼虫	蛹	成虫
最适温度（℃）	19～26	25～29	26～30	26～28
最适湿度（%）	78～85	30～85	78～85	78～85

温度和湿度超出这个范围，黄粉虫的各态死亡率较高。夏季气温高，水分易蒸发，可在地面上洒水，降低温度，增加湿度。梅雨季节，湿度过大，饲料易发霉，应开窗通风。冬季天气寒冷，应关闭门窗在室内加温。

（五）饲料虫的处理

黄粉虫除留种外，无论幼虫、蛹还是成虫，均可作为活饵料和干饲料。幼虫从孵出至化蛹约 3 个月左右，此期内虫的个体由几毫米长到 30 毫米，均可直接投喂黄鳝。生产过剩的可以烘干保存。

五、福寿螺的培育

福寿螺又称瓶螺、苹果螺、龙凤螺。原产南美洲亚马孙河流域，我国于 1984 年引进。福寿螺不仅适应性强、食性杂、个体大、生长快、产量高、繁殖力强，而且营养价值高。因此，适于作为黄鳝、泥鳅、甲鱼、河蟹、对虾、水貂等的饵料。

福寿螺喜欢在温暖条件下生活，喜阴性光直射，生存最高水温可达 45℃，最适水温为 25～32℃，最低临界水温为 8℃。

福寿螺的养殖方式多样，在幼螺阶段可以用小池、缸盆饲养，成螺阶段可在水泥池、缸等小水体中饲养，也可在池塘、沟渠和稻田中饲养。通常在池塘中饲养每亩产量可达 5 吨左右，产值十分可观。

根据广东、江苏等地的经验，人工养殖福寿螺的技术要点如下：

（一）整治场地

凡是水源方便的浅塘、沟渠、洼地、堑坑等零星水面以及菜畦、水泥池等，稍加改造即可进行养殖。家庭亦可利用缸、桶、盆等容器饲养。由于投饵和螺的排泄物多，要求1～3天换水1次，这是养殖成败的关键。池塘、沟渠、垫坑等须先排干水，用石灰清除一切敌害，然后灌水7天，干涸1天，再灌入清水并放螺。较大的池塘宜用塑料薄膜分隔为若干小区，以便投饵和采收。进出水口均设纱网防逃，并注意清除附近鼠源。利用菜地养殖的，可隔畦挖深70～80厘米的螺坑，保持水深40～50厘米，并疏通排灌渠，引用长流水。大规模商品化生产的，最好用水泥池实行密集养殖。池长4米、宽3米、高1米。新建的水泥池，每平方米洒白醋0.5～0.75千克或灌头遍淘米水4厘米深，浸泡3天。清洗后注入清水30～40厘米深。池边离水面15厘米处设一铁制或竹制三角架，上面放几个孔径半厘米的竹筛，作为卵块孵化场地。待雌螺产卵次日，铲起卵块，集中放于竹筛进行自然孵化。

（二）分级饲养

刚孵出的幼螺，抵抗力差，宜放于水深5～10厘米的小池中专养。每平方米水面放养4 000～6 000只。幼螺长到1～3克重时，转入大水面的成螺池（塘、沟、垫）中饲养。随着螺体长大，水层逐渐加深到60～80厘米，放养密度相应递减为每平方米水面200～100个直至20个。

（三）投饵管理

福寿螺主要摄食植物性饲料，如青萍、红萍、水草、水浮莲、冬瓜、南瓜、茄子、蕹菜和白菜等。刚出壳的幼螺，宜投喂红萍、嫩菜叶，酌施少量细米糠。随着螺体长大，可增投水草、菜叶、瓜类等浮水性饲料，以利福寿螺浮于水面附着摄食。用广州中山大学生物系研制的"螺Ⅰ"发酵饲料加喂青萍，效果甚佳，幼螺饲养19天，一般重达1.2克。每日早、晚各投饵1次，均匀撒遍全池，注意不可过剩，以免腐烂沤臭水质。池内水体要保持清新，勤排勤灌，至少隔3～5天换水1次。池水切忌被农药、石油等污染。使用自来水须事先存放2天，或经搅拌去氯后方能引入。

（四）孵化繁殖

当雌螺长到 10 克以上，在养殖水面插上竹杈、树枝作为成螺附着交配和产卵的场所。雌螺交配后 3～5 天，夜间爬出水面产卵于枝杈上，集结呈红褐色条块状。翌日小心铲起，平置于池中三脚架的竹筛上，在气温 18～22℃下，经过 27～29 天；28℃以上经过 8～12 天，即孵化成幼螺。如气温不到 18℃，应将盛卵竹筛放在室内，置于用薄膜围成的保温箱内水盘中（水深 10 厘米），装 40 瓦灯泡加温到 28℃，11 天左右即完成孵化。

近年来，江苏里下河地区农业科学研究所吴怀询等总结出了稻田繁殖福寿螺的办法。稻田养螺的优点是：

（1）幼螺生长速度快　稻田水质清新，阳光适度，生态条件优越，对幼螺生长发育极为有利。于水稻分蘖末期、长穗中期放养平均个体 2～3 克重的幼螺，10～15 天后平均个体重达 12.4 克；30 天时平均个体重可达 22.5 克，比同密度小池养殖的个体增重 9.7 克，增重率为 75.7％。

（2）除草、肥田效果好　福寿螺在稻田中除稗草、三棱草外，其他杂草均可作为饵料。据调查，每亩放养 2 000～3 000 只幼螺，放养 20 天，稻田杂草量比对照下降 60.4％；30 天后杂草清除率达 95％以上。养螺后的稻田不用人工或化学除草，有利节约成本，减少投入。螺粪含氮量 0.48％，接近猪粪的含氮水平。由于福寿螺摄食量大、排泄物多，使稻田土壤有机质含量比对照提高 5％～10％。

（3）种养矛盾小、投入少、效益高　福寿螺适应水域广，在稻田养殖不需要特殊设施，田间水的管理可以因稻制宜，不受制约，因而可以保证稻谷产量。在水稻搁田期，螺能自行钻入土中或被迫休眠，停止活动。据观察，福寿螺在潮湿无水状态下，10～20 天没有死亡现象，稻田复水后又恢复活动。由于稻田杂草、藻类、腐殖质多，天然饵料资源丰富，一般稻田每亩放养 3 000 只左右幼螺，不需人工投饵，可产商品螺 35～50 千克，净增收益 30～40 元。

稻田养殖福寿螺在技术上要注意：

（1）水稻移栽时留下空道，栽后 1 周内开挖沟道，沟宽20～27 厘米、深 13～17 厘米。

（2）适时放养，控制规格及密度　在水稻分蘖至长穗期，即 6 月下旬（水稻栽插 15 天后）到 8 月上旬，及时放养。一般 667 米²稻田放 2～4 克重的幼螺 2 000～4 000 只，天然饵料丰富的可适当多放，反之，则适当少放。若稻田养萍，放养密度可增加到 8 000～10 000只。萍为螺用，螺粪肥田，可产生良好的生态经济效果。

（3）因地制宜，适当投饵　一般稻田养螺后 25 天左右自然饵料量下降，对一些饵料明显不足的田块，可在丰产沟内投以陆地青草、菜叶、瓜皮等，投入量以满足螺食为度。

（4）切实防逃，及时收获　稻田放螺后在进出水口设置栅栏或孔目较小的聚乙烯纱网，四周田埂严防鼠、蛇钻洞漏水，以免福寿螺逃走。螺重达 25 克时（放养后 30 天左右）即可收获。捕捞前排干田表水引螺入沟或用饵料诱集，捕大留小，可 1 次投放，多次捕捞。

（5）科学施肥，合理防病治虫　螺田水稻肥料，采取栽前 1 次施基肥，适当辅以追肥。稻田防病治虫选择低毒、高效农药如杀虫双、井冈霉素等，对水喷洒，不宜拌土撒施。

稻田养殖福寿螺，技术简便，是稻田综合利用、增加效益的有效途径。近年来，我国台湾及日本等地相继报道福寿螺对作物的危害性，值得注意。但实践证明，福寿螺在长江以北的广大地区，只要养殖得当是不足以为害的。其主要原因，一是福寿螺原产南美热带地区，福寿螺生长的适宜水温为 20～30℃。水温降到 0℃，持续 4～5 天，螺开始死亡，而且螺体越大，耐寒能力越差，死亡率越高。福寿螺在这类地区不能正常越冬，螺的密度完全可以控制。适宜于福寿螺自然生长的季节为 4 月下旬到 10 月上旬，而福寿螺从孵化到性成熟约需 70～80 天，一般每年仅能繁殖 2～3 代，所以不易蔓延。二是这些地区为水旱轮作制，秋熟作物大多为夏旱作物，而福寿螺繁衍生长离不开水，长期脱水也是福寿螺生存的限制因子。因此，在我国长江以北广大地区可以消除顾虑，利用稻田水域大力发展福寿螺养殖。

六、河蚬的培育

河蚬又称黄蚬，广泛分布于我国湖泊、江河中。近几年来，随着特种水产品黄鳝、泥鳅、甲鱼等的养殖，国内开始重视河蚬的养殖。

河蚬肉营养丰富，饲养简单，因此，可作为池塘饲养的饵料品种。

河蚬在体外受精，卵发育成为面盘幼虫，在完成浮游生活阶段后，开始生长贝壳，并沉到池底，将壳体埋在池底淤泥中，只将吸管伸在水中进行呼吸，摄取饵料。养河蚬的池塘，不能注入农药和化肥水，这最容易引起河蚬的死亡。水质也不宜过分肥沃。池的底质以砂土为宜。水深保持 1 米左右，每亩可放养河蚬种苗 60～130 千克。河蚬在池塘中能不断繁殖，因此，第二年投放种苗可适当减少。河蚬种苗的规格为 800～4 000 个/千克。若从外地购买蚬种，可装入麻袋或草包中运输，为减少途中死亡，应保持一定的温度，也不要堆放得过厚。在放养前，应先将池水排干，在日光下暴晒 2～3 周再注水。在池塘中养殖时，应投喂豆粉、麦麸或米糠，也可施鸡粪或其他农家肥料。河蚬的生长率，根据饲养条件而定，苗种平均重约 0.11 克，饲养 1 个半月可增重 4 倍，达 0.45 克；3 个月可达 0.91 克；4～4.5 个月可达 22.25 克；5～6 个月可达 4 克；7～7.5 个月可达 5.4 克，体重相当于原苗种的 50 倍，这时即可采捕。

起捕河蚬时，可采用带网的铁耙，捕起后再用铁筛分出大小，将较小的个体仍放回原池继续饲养。

河蚬也可与鲢、鳙、草鱼混养，但不能与青鱼、鲤混养。

河蚬经过粉碎是黄鳝的好饵料，小河蚬可直接投喂。

七、田螺的培育

田螺肉质厚实，营养丰富，打碎后是黄鳝很好的饵料。

田螺在日本已大量人工养殖。由于饲养田螺方法简单，疾病少，苗种来源容易。因此，可以在家庭饲养。

（一）种类

田螺科分田螺和圆田螺两个属。田螺属，其螺层不膨胀，而具有螺旋色带，如长旋田螺；圆田螺属，贝壳表面光滑，螺层膨胀，有中华圆田螺和中国圆田螺两种。目前在我国华北、黄河平原、长江流域一带常见的是中华圆田螺。

（二）饲养

田螺可单养，也可与鲫、泥鳅等混养；可在水稻田或休闲田中饲养，也可在池塘或河沟中饲养。田螺的最适生长温度为20～25℃，在15℃以下或30℃以上时，停止摄食活动，10℃以下开始入土冬眠，15℃以上时开始繁殖，每只每次产小田螺约20～30个，4龄以上的亲田螺可产40～50个。经过14～16个月才能再次繁殖。田螺的雌雄在外壳上很难识别，主要根据触角识别，雄田螺的右触角呈一定程度的螺旋状弯曲（此触角兼作交接作用），而雌田螺左右两触角形状完全相同。田螺在饲养过程中，疾病较少，成活率高，但在稻田饲养时要防止鸟害和逃逸，在进出水口要设置较密的栏栅。田螺对氧较敏感，含氧量低于3.5毫克/升时摄食不良，1.5毫克/升时开始死亡。

田螺食性很广，人工饲养时，可投喂米糠、菜屑、鱼粉等，也可投喂人工配合饲料。

田螺活动的时间，一般在晚7时后到次日上午9时。捕捉方法简单，只需将米糠与土相拌和，投入水田中若干地方，这时田螺会聚集采食，用手拾起即可。若在稻田中放养，每平方米可放养150～180个。

饲养管理同前面的福寿螺。

附 录

附 录 一

绿色食品 产地环境技术条件

（NY/T 391—2000）

1 范围

本标准规定了绿色食品产地的环境空气质量、农田灌溉水质、渔业水质、畜禽养殖水质和土壤环境质量的各项指标及浓度限值、监测和评价方法。

本标准适用于绿色食品（AA级和A级）生产的农田、蔬菜地、果园、茶园、饲养场、放牧场和水产养殖场。

本标准还提出了绿色食品产地土壤肥力分级，供评价和改进土壤肥力状况时参考，列于附录之中，适用于栽培作物土壤，不适于野生植物土壤。

2 引用标准

下列标准所包含的条文，通过在本标准中引用而构成为本标准的条文。本标准出版时，所示版本均为有效。所有标准都会被修订，使用本标准的各方应探讨使用下列标准最新版本的可能性。

GB 3095—1996 环境空气质量标准

GB 5084—1992　农田灌溉水质标准

GB 5749—1985　生活饮用水卫生标准

GB 9137—1988　保护农作物的大气污染物最高允许浓度

GB 11607—1989　渔业水质标准

GB 15618—1995　土壤环境质量标准

NY/T 53—1987　土壤全氮测定法（半微量开氏法）（原GB 7173—1987）

LY/T 1225—1999　森林土壤颗粒组成（机械组成）的测定

LY/T 1233—1999　森林土壤有效磷的测定

LY/T 1236—1999　森林土壤速效钾的测定

LY/T 1243—1999　森林土壤阳离子交换量的测定

3　定义

本标准采用下列定义。

3.1　绿色食品

遵守可持续发展原则，按照特定生产方式生产，经专门机构认定，许可使用绿色食品标志，无污染的安全、优质、营养类食品。

3.2　AA 级绿色食品

生产地的环境质量符合 NY/T 391 的要求，生产过程中不使用化学合成的肥料、农药、兽药、饲料添加剂、食品添加剂和其他有害于环境和身体健康的物质，按有机生产方式生产，产品质量符合绿色食品产品标准，经专门机构认定，许可使用 AA 级绿色食品标志的产品。

3.3　A 级绿色食品

生产地的环境质量符合 NY/T 391 的要求，生产过程中严格按照绿色食品生产资料使用准则和生产操作规程要求，限量使用限定的化学合成生产资料，产品质量符合绿色食品产品标准，经专门机构认定，许可使用 A 级绿色食品标志的产品。

3.4 绿色食品产地环境质量

绿色食品植物生长地和动物养殖地的空气环境、水环境和土壤环境质量。

4 环境质量要求

绿色食品生产基地应选择在无污染和生态条件良好的地区。基地选点应远离工矿区和公路铁路干线，避开工业和城市污染源的影响，同时绿色食品生产基地应具有可持续的生产能力。

4.1 空气环境质量要求

绿色食品产地空气中各项污染物含量不应超过表 1 所列的指标要求。

表 1　空气中各项污染物的指标要求（标准状态）

项　　目	指　　标	
	日平均	1h 平均
总悬浮颗粒物（TSP，mg/m^3）	≤0.30	—
二氧化硫（SO_2，mg/m^3）	≤0.15	≤0.50
氮氧化物（NO_x，mg/m^3）	≤0.10	≤0.15
氟化物（F）	≤$7\mu g/m^3$	≤$20\mu g/m^3$
	$1.8\mu g/（dm^2 \cdot d）$（挂片法）	

注：1. 日平均指任何一日的平均指标。

　　2. 1h 平均指任何一小时的平均指标。

　　3. 连续采样三天，一日三次，晨、午和夕各一次。

　　4. 氟化物采样可用动力采样滤膜法或用石灰滤纸挂片法，分别按各自规定的指标执行，石灰滤纸挂片法挂置 7 天。

4.2 农田灌溉水质要求

绿色食品产地农田灌溉水中各项污染物含量不应超过表 2 所列的指标要求。

表 2　农田灌溉水中各项污染物的指标要求

项　目	指　标
pH	5.5～8.5
总汞（mg/L）	≤0.001
总镉（mg/L）	≤0.005
总砷（mg/L）	≤0.05
总铅（mg/L）	≤0.1
六价铬（mg/L）	≤0.1
氟化物（mg/L）	≤2.0
粪大肠菌群（个/L）	≤10 000

注：灌溉菜园用的地表水需测粪大肠菌群，其他情况不测粪大肠菌群。

4.3　渔业水质要求

　　绿色食品产地渔业用水中各项污染物含量不应超过表 3 所列的指标要求。

表 3　渔业用水中各项污染物的指标要求

项　目	指　标
色、臭、味	不得使水产品带异色、异臭和异味
漂浮物质	水面不得出现油膜或浮沫
悬浮物（mg/L）	人为增加的量不得超过 10
pH	淡水 6.5～8.5，海水 7.0～8.5
溶解氧（mg/L）	>5
生化需氧量（mg/L）	≤5
总大肠菌群（个/L）	≤5 000（贝类 500）
总汞（mg/L）	≤0.000 5
总镉（mg/L）	≤0.005
总铅（mg/L）	≤0.05
总铜（mg/L）	≤0.01

（续）

项　目	指　标
总砷（mg/L）	≤0.05
六价铬（mg/L）	≤0.1
挥发酚（mg/L）	≤0.005
石油类（mg/L）	≤0.05

4.4　畜禽养殖用水要求

　　绿色食品产地畜禽养殖用水中各项污染物不应超过表4所列的指标要求。

表4　畜禽养殖用水各项污染物的指标要求

项　目	标　准　值
色度	15度，并不得呈现其他异色
混浊度	3度
臭和味	不得有异臭、异味
肉眼可见物	不得含有
pH	6.5～8.5
氟化物（mg/L）	≤1.0
氰化物（mg/L）	≤0.05
总砷（mg/L）	≤0.05
总汞（mg/L）	≤0.001
总镉（mg/L）	≤0.01
六价铬（mg/L）	≤0.05
总铅（mg/L）	≤0.05
细菌总数（个/mL）	≤100
总大肠菌群（个/L）	≤3

4.5　土壤环境质量要求

　　本标准将土壤按耕作方式的不同分为旱田和水田两大类，每类又根据土壤 pH 的高低分为三种情况，即 pH＜6.5、pH 6.5～7.5、pH＞7.5。绿色食品产地各种不同土壤中的各项污染物含量不应超过表 5 所列的限值。

表5　土壤中各项污染物的指标要求

（mg/kg）

耕作条件	旱　田			水　田		
pH	＜6.5	6.5～7.5	＞7.5	＜6.5	6.5～7.5	＞7.5
镉	≤0.30	≤0.30	≤0.40	≤0.30	≤0.30	≤0.40
汞	≤0.25	≤0.30	≤0.35	≤0.30	≤0.40	≤0.40
砷	≤25	≤20	≤20	≤20	≤20	≤15
铅	≤50	≤50	≤50	≤50	≤50	≤50
铬	≤120	≤120	≤120	≤120	≤120	≤120
铜	≤50	≤60	≤60	≤50	≤60	≤60

注：1. 果园土壤中的铜限量为旱田中的铜限量的一倍。

　　2. 水旱轮作用的标准值取严不取宽。

4.6　土壤肥力要求

为了促进生产者增施有机肥，提高土壤肥力，生产 AA 级绿色食品时，转化后的耕地土壤肥力要达到土壤肥力分级 1～2 级指标（附录 A）。生产 A 级绿色食品时，土壤肥力作为参考指标。

5　监测方法

采样方法除本标准有特殊规定外（表 1 注），其他的采样方法和所有分析方法按本标准引用的相关国家标准执行。

空气环境质量的采样和分析方法按照 GB 3095 中 6.1、6.2、7 和 GB 9137 中 5.1 和 5.2 的规定执行。

农田灌溉水质的采样和分析方法按照 GB 5084 中 6.2、6.3 的规定执行。

渔业水质的采样和分析方法按照 GB 11607 中 6.1 的规定执行。

畜禽养殖水质的采样和分析方法按照 GB 5749 的规定执行。

土壤环境质量的采样和分析方法按照 GB 15618 中 5.1、5.2 的规定执行。

附录 A

（标准的附录）

绿色食品产地土壤肥力分级

A1 土壤肥力分级参考指标

土壤肥力的分级指标见表 A1。

表 A1 土壤肥力分级参考指标

项 目	级别	旱地	水田	菜地	园地	牧地
有机质 (g/kg)	I	>15	>25	>30	>20	>20
	II	10~15	20~25	20~30	15~20	15~20
	III	<10	<20	<20	<15	<15
全氮 (g/kg)	I	>1.0	>1.2	>1.2	>1.0	—
	II	0.8~1.0	1.0~1.2	1.0~1.2	0.8~1.0	—
	III	<0.8	<1.0	<1.0	<0.8	—
有效磷 (mg/kg)	I	>10	>15	>40	>10	>10
	II	5~10	10~15	20~40	5~10	5~10
	III	<5	<10	<20	<5	<5
有效钾 (mg/kg)	I	>120	>100	>150	>100	—
	II	80~120	50~100	100~150	50~100	—
	III	<80	<50	<100	<50	—
阳离子交换量 (c mol/kg)	I	>20	>20	>20	>15	—
	II	15~20	15~20	15~20	15~20	—
	III	<15	<15	<15	<15	—

（续）

项　　目	级别	旱地	水田	菜地	园地	牧地
质地	Ⅰ	轻壤、中壤	中壤、重壤	轻壤	轻壤	砂壤、中壤
	Ⅱ	砂壤、重壤	砂壤、轻黏土	砂壤、中壤	砂壤、中壤	重壤
	Ⅲ	砂土、黏土	砂土、黏土	砂土、黏土	砂土、黏土	砂土、黏土

A2　土壤肥力评价

土壤肥力的各项指标，Ⅰ级为优良，Ⅱ级为尚可，Ⅲ级为较差，供评价者和生产者在评价和生产时参考。生产者应增施有机肥，使土壤肥力逐年提高。

A3　土壤肥力测定方法

按 NY/T 53、LY/T 1225、LY/T 1233、LY/T 1236、LY/T 1243 的规定执行。

附　录　二

渔业水质标准

（GB 11607—89）

（单位：mg/L，个别项目另标除外）

项目序号	项　目	标　准　值
1	色、臭、味	不得使鱼虾贝藻类带有异色、异臭、异味
2	漂浮物质	水面不得出现明显油膜或浮沫
3	悬浮物质	人为增加的量不得超过 10mg/L，而且悬浮物质沉积于底部后，不得对鱼虾贝类产生有害的影响
4	pH	淡水 6.5～8.5，海水 7.0～8.5
5	溶解氧	连续 24 小时中，16 小时以上必须大于 5mg/L，其余任何时候不得低于 3mg/L，对于鲑科鱼类栖息水域冰封期其余任何时候不得低于 4mg/L
6	生化需氧量(5天、20℃)	不超过 5mg/L，冰封期不超过 3mg/L
7	总大肠菌群	不超过 5 000 个/L（贝类养殖水质不超过 500 个/L）
8	汞	≤0.000 5
9	镉	≤0.005
10	铅	≤0.05
11	铬	≤0.1
12	铜	≤0.01
13	锌	≤0.1
14	镍	≤0.05
15	砷	≤0.05

（续）

项目序号	项　目	标　准　值
16	氰化物	≤0.005
17	硫化物	≤0.2
18	氟化物 （以 F 计）	≤1
19	非离子氨	≤0.02
20	凯氏氮	≤0.05
21	挥发性酚	≤0.005
22	黄磷	≤0.001
23	石油类	≤0.05
24	丙烯腈	≤0.5
25	丙烯醛	≤0.02
26	六六六 （丙体）	≤0.002
27	滴滴涕	≤0.001
28	马拉硫磷	≤0.005
29	五氯酚钠	≤0.01
30	乐果	≤0.1
31	甲胺磷	≤1
32	甲基对硫磷	≤0.000 5
33	呋喃丹	≤0.01

附 录 三

无公害食品 淡水养殖用水水质

（NY 5051—2001）

1 范围

本标准规定了淡水养殖用水水质要求、测定方法、检验规则和结果判定。

本标准适用于淡水养殖用水。

2 规范性引用文件

下列文件中的条款通过本标准的引用而成为本标准的条款。凡是注日期的引用文件，其随后所有的修改单（不包括勘误的内容）或修订版均不适用于本标准，然而，鼓励根据本标准达成协议的各方研究是否可使用这些文件的最新版本。凡是不注日期的引用文件，其最新版本适用于本标准。

GB/T 5750 生活饮用水标准检验法

GB/T 7466 水质 总铬的测定

GB/T 7468 水质 总汞的测定 冷原子吸收分光光度法

GB/T 7469 水质 总汞的测定 高锰酸钾—过硫酸钾消解法 双硫腙分光光度法

GB/T 7470 水质 铅的测定 双硫腙分光光度法

GB/T 7471 水质 镉的测定 双硫腙分光光度法

GB/T 7472 水质 锌的测定 双硫腙分光光度法

GB/T 7473 水质 铜的测定 2，9-二甲基-1，10-菲啰

啉分光光度法

GB/T 7474　水质　铜的测定　二乙基二硫代氨基甲酸钠分光光度法

GB/T 7475　水质　铜、锌、铅、镉的测定　原子吸收分光光度法

GB/T 7482　水质　氟化物的测定　茜素磺酸锆目视比色法

GB/T 7483　水质　氟化物的测定　氟试剂分光光度法

GB/T 7484　水质　氟化物的测定　离子选择电极法

GB/T 7485　水质　总砷的测定　二乙基二硫代氨基甲酸银分光光度法

GB/T 7490　水质　挥发酚的测定　蒸馏后4-氨基安替比林分光光度法

GB/T 7491　水质　挥发酚的测定　蒸馏后溴化容量法

GB/T 7492　水质　六六六、滴滴涕的测定　气相色谱法

GB/T 8538　饮用天然矿泉水检验方法

GB 11607　渔业水质标准

GB/T 12997　水质　采样方案设计技术规定

GB/T 12998　水质　采样技术指导

GB/T 12999　水质采样　样品的保存和管理技术规定

GB/T 13192　水质　有机磷农药的测定　气相色谱法

GB/T 16488　水质　石油类和动植物油的测定　红外光度法

水和废水监测分析方法

3　要求

3.1　淡水养殖水源应符合 GB 11607 规定。

3.2　淡水养殖用水水质应符合表1要求。

表1　淡水养殖用水水质要求

序号	项　目	标　准　值
1	色、臭、味	不得使养殖水体带有异色、异臭、异味
2	总大肠菌群（个/L）	≤5 000
3	汞（mg/L）	≤0.000 5
4	镉（mg/L）	≤0.005
5	铅（mg/L）	≤0.05
6	铬（mg/L）	≤0.1
7	铜（mg/L）	≤0.01
8	锌（mg/L）	≤0.1
9	砷（mg/L）	≤0.05
10	氟化物（mg/L）	≤1
11	石油类（mg/L）	≤0.05
12	挥发性酚（mg/L）	≤0.005
13	甲基对硫磷（mg/L）	≤0.000 5
14	马拉硫磷（mg/L）	≤0.005
15	乐果（mg/L）	≤0.1
16	六六六（丙体）（mg/L）	≤0.002
17	DDT（mg/L）	0.001

4　测定方法

淡水养殖用水水质测定方法见表2。

表2　淡水养殖用水水质测定方法

序号	项目	测定方法	测试方法标准编号	检测下限（mg/L）
1	色、臭、味	感官法	GB/T 5750	—
2	总大肠菌群	（1）多管发酵法 （2）滤膜法	GB/T 5750	—

（续）

序号	项目	测定方法		测试方法标准编号	检测下限（mg/L）
3	汞	（1）原子荧光光度法		GB/T 8538	0.000 05
		（2）冷原子吸收分光光度法		GB/T 7468	0.000 05
		（3）高锰酸钾—过硫酸钾消解双硫腙分光光度		GB/T 7469	0.002
4	镉	（1）原子吸收分光光度法		GB/T 7475	0.001
		（2）双硫腙分光光度法		GB/T 7471	0.001
5	铅	（1）原子吸收分光光度法	螯合萃取法	GB/T 7475	0.01
			直接法		0.2
		（2）双硫腙分光光度法		GB/T 7470	0.01
6	铬	二苯碳酰二肼分光光度法（高锰酸盐氧化法）		GB/T 7466	0.004
7	砷	（1）原子荧光光度法		GB/T 8538	0.000 04
		（2）二乙基二硫代氨基甲酸银分光光度法		GB/T 7485	0.007
8	铜	（1）原子吸收分光光度法	螯合萃取法	GB/T 7475	0.001
			直接法		0.05
		（2）二乙基二硫代氨基甲酸钠分光光度法		GB/T 7474	0.010
		（3）2,9-二甲基-1,10-菲啰啉分光光度法		GB/T 7473	0.06
9	锌	（1）原子吸收分光光度法		GB/T 7475	0.05
		（2）双硫腙分光光度法		GB/T 7472	0.005
10	氟化物	（1）茜素磺酸锆目视比色法		GB/T 7482	0.05
		（2）氟试剂分光光度法		GB/T 7483	0.05
		（3）离子选择电极法		GB/T 7484	0.05

（续）

序号	项目	测定方法	测试方法 标准编号	检测下限 （mg/L）
11	石油类	（1）红外分光光度法	GB/T 16488	0.01
		（2）非分散红外光度法		0.02
		（3）紫外分光光度法	《水和废水盐测 分析方法》 （国家环保局）	0.05
12	挥发酚	（1）蒸馏后 4 -氨基安替比林分 光光度法	GB/T 7490	0.002
		（2）蒸馏后溴化容量法	GB/T 7491	—
13	甲基对硫磷	气相色谱法	GB/T 13192	0.000 42
14	马拉硫磷	气相色谱法	GB/T 13192	0.000 64
15	乐果	气相色谱法	GB/T 13192	0.000 57
16	六六六	气相色谱法	GB/T 7492	0.000 004
17	DDT	气相色谱法	GB/T 7492	0.000 2

注：对同一项目有两个或两个以上测定方法的，当对测定结果有异议时，方法
（1）为仲裁测定方法。

5 检验规则

检测样品的采集、贮存、运输和处理按 GB/T 12997、GB/T 12998 和 GB/T 12999 的规定执行。

6 结果判定

本标准采用单项判定法，所列指标单项超标，判定为不合格。

附 录 四

无公害食品 渔用配合饲料安全限量

（NY 5072—2002）

1 范围

本标准规定了渔用配合饲料安全限量的要求、试验方法、检验规则。

本标准适用于渔用配合饲料的成品，其他形式的渔用饲料可参照执行。

2 规范性引用文件

下列文件中的条款通过本标准的引用而成为本标准的条款。凡是注日期的引用文件，其随后所有的修改单（不包括勘误的内容）或修订版均不适用于本标准，然而，鼓励根据本标准达成协议的各方研究是否可使用这些文件的最新版本。凡是不注日期的引用文件，其最新版本适用于本标准。

GB/T 5009.45—1996 水产品卫生标准的分析方法

GB/T 8381—1987 饲料中黄曲霉素 B_1 的测定

GB/T 9675—1988 海产食品中多氯联苯的测定方法

GB/T 13080—1991 饲料中铅的测定方法

GB/T 13081—1991 饲料中汞的测定方法

GB/T 13082—1991 饲料中镉的测定方法

GB/T 13083—1991 饲料中氟的测定方法

GB/T 13084—1991 饲料中氰化物的测定方法

GB/T 13086—1991　饲料中游离棉酚的测定方法

GB/T 13087—1991　饲料中异硫氰酸酯的测定方法

GB/T 13088—1991　饲料中铬的测定方法

GB/T 13089—1991　饲料中噁唑烷硫酮的测定方法

GB/T 13090—1999　饲料中六六六、滴滴涕的测定方法

GB/T 13091—1991　饲料中沙门氏菌的检验方法

GB/T 13092—1991　饲料中霉菌的检验方法

GB/T 14699.1—1993　饲料采样方法

GB/T 17480—1998　饲料中黄曲霉毒素 B_1 的测定　酶联免疫吸附法

NY 5071 无公害食品　渔用药物使用准则

SC 3501—1996　鱼粉

SC/T 3502　鱼油

《饲料药物添加剂使用规范》〔中华人民共和国农业部公告（2001）第［168］号〕

《禁止在饲料和动物饮用水中使用的药物品种目录》〔中华人民共和国农业部公告（2002）第［176］号〕

《食品动物禁用的兽药及其他化合物清单》〔中华人民共和国农业部公告（2002）第［193］号〕

3　要求

3.1　原料要求

3.1.1　加工渔用饲料所用原料应符合各类原料标准的规定，不得使用受潮、发霉、生虫、腐败变质及受到石油、农药、有害金属等污染的原料。

3.1.2　皮革粉应经过脱铬、脱毒处理。

3.1.3　大豆原料应经过破坏蛋白酶抑制因子的处理。

3.1.4　鱼粉的质量应符合 SC 3501 的规定。

3.1.5　鱼油的质量应符合 SC/T 3502 中二级精制鱼油的要求。

3.1.6 使用的药物添加剂种类及用量应符合 NY 5071、《饲料药物添加剂使用规范》、《禁止在饲料和动物饮用水中使用的药物品种目录》、《食品动物禁用的兽药及其他化合物清单》的规定；若有新的公告发布，按新规定执行。

3.2 安全指标

渔用配合饲料的安全指标限量应符合表 1 规定。

表 1　渔用配合饲料的安全指标限量

项　　目	限　量	适用范围
铅（以 Pb 计）（mg/kg）	≤5.0	各类渔用配合饲料
汞（以 Hg 计）（mg/kg）	≤0.5	各类渔用配合饲料
无机砷（以 As 计）（mg/kg）	≤3	各类渔用配合饲料
镉（以 Cd 计）（mg/kg）	≤3	海水鱼类、虾类配合饲料
	≤0.5	其他渔用配合饲料
铬（以 Cr 计）（mg/kg）	≤10	各类渔用配合饲料
氟（以 F 计）（mg/kg）	≤350	各类渔用配合饲料
游离棉酚（mg/kg）	≤300	温水杂食性鱼类、虾类配合饲料
	≤150	冷水性鱼类、海水鱼类配合饲料
氰化物（mg/kg）	≤50	各类渔用配合饲料
多氯联苯（mg/kg）	≤0.3	各类渔用配合饲料
异硫氰酸酯（mg/kg）	≤500	各类渔用配合饲料
镑唑烷硫酮（mg/kg）	≤500	各类渔用配合饲料
油脂酸价（KOH）（mg/g）	≤2	渔用育苗配合饲料
	≤6	渔用育成配合饲料
	≤3	鳗鲡育成配合饲料
黄曲霉毒素 B_1（mg/kg）	≤0.01	各类渔用配合饲料
六六六（mg/kg）	≤0.3	各类渔用配合饲料
滴滴涕（mg/kg）	≤0.2	各类渔用配合饲料
沙门氏菌（cfu/25g）	不得检出	各类渔用配合饲料
霉菌（cfu/g）	≤3×10⁴	各类渔用配合饲料

4 检验方法

4.1 铅的测定

按 GB/T 13080—1991 规定进行。

4.2 汞的测定

按 GB/T 13081—1991 规定进行。

4.3 无机砷的测定

按 GB/T 5009.45—1996 规定进行。

4.4 镉的测定

按 GB/T 13082—1991 规定进行。

4.5 铬的测定

按 GB/T 13088—1991 规定进行。

4.6 氟的测定

按 GB/T 13083—1991 规定进行。

4.7 游离棉酚的测定

按 GB/T 13086—1991 规定进行。

4.8 氰化物的测定

按 GB/T 13084—1991 规定进行。

4.9 多氯联苯的测定

按 GB/T 9675—1988 规定进行。

4.10 异硫氰酸酯的测定

按 GB/T 13087—1991 规定进行。

4.11 噁唑烷硫酮的测定

按 GB/T 13089—1991 规定进行。

4.12 油脂酸价的测定

按 SC 3501—1996 规定进行。

4.13 黄曲霉毒素 B_1 的测定

按 GB/T 8381—1987、GB/T 17480—1998 规定进行，其中 GB/T 8381—1987 为仲裁方法。

4.14　六六六、滴滴涕的测定

按 GB/T 13090—1991 规定进行。

4.15　沙门氏菌的检验

按 GB/T 13091—1991 规定进行。

4.16　霉菌的检验

按 GB/T 13092—1991 规定进行，注意计数时不应计入酵母菌。

5　检验规则

5.1　组批

以生产企业中每天（班）生产的成品为一检验批，按批号抽样。在销售者或用户处按产品出厂包装的标示批号抽样。

5.2　抽样

渔用配合饲料产品的抽样按 GB/T 14699.1—1993 规定执行。

批量在 1t 以下时，按其袋数的 1/4 抽取。批量在 1t 以上时，抽样袋数不少于 10 袋。沿堆积立面以"×"形或"W"形对各袋抽取。产品未堆垛时应在各部位随机抽取，样品抽取时一般应用钢管或铜制管制成的槽形取样器。由各袋取出的样品应充分混匀后按四分法分别留样。每批饲料的检验用样品不少于 500g。另有同样数量的样品作留样备查。

作为抽样应有记录，内容包括：样品名称、型号、抽样时间、地点、产品批号、抽样数量、抽样人签字等。

5.3　判定

5.3.1　渔用配合饲料中所检的各项安全指标均应符合标准要求。

5.3.2　所检安全指标中有一项不符合标准规定时，允许加倍抽样将此项指标复验一次，按复验结果判定本批产品是否合格。经复检后所检指标仍不合格的产品则判为不合格品。

附 录 五

无公害食品 渔用药物使用准则

（NY 5071—2002）

1 范围

本标准规定了渔用药物使用的基本原则、渔用药物的使用方法以及禁用渔药。

本标准适用于水产增养殖中的健康管理及病害控制过程中的渔药使用。

2 规范性引用文件

下列文件中的条款通过本标准的引用而成为本标准的条款。凡是注日期的引用文件，其随后所有的修改单（不包括勘误的内容）或修订版均不适用于本标准，然而，鼓励根据本标准达成协议的各方研究是否可使用这些文件的最新版本。凡是不注日期的引用文件，其最新版本适用于本标准。

NY 5070 无公害食品 水产品中渔药残留限量

NY 5072 无公害食品 渔用配合饲料安全限量

3 术语和定义

下列术语和定义适用于本标准。

3.1 渔用药物 fishery drugs

用以预防、控制和治疗水产动植物的病、虫、害，促进养殖品种健康生长，增强机体抗病能力以及改善养殖水体质量的一切物质，简称"渔药"。

3.2　生物源渔药　biogenic fishery medicines

直接利用生物活体或生物代谢过程中产生的具有生物活性的物质或从生物体提取的物质作为防治水产动物病害的渔药。

3.3　渔用生物制品　fishery biopreparate

应用天然或人工改造的微生物、寄生虫、生物毒素或生物组织及其代谢产物为原材料，采用生物学、分子生物学或生物化学等相关技术制成的、用于预防、诊断和治疗水产动物传染病和其他有关疾病的生物制剂。它的效价或安全性应采用生物学方法检定并有严格的可靠性。

3.4　休药期　withdrawal time

最后停止给药日至水产品作为食品上市出售的最短时间。

4　渔用药物使用基本原则

4.1　渔用药物的使用应以不危害人类健康和不破坏水域生态环境为基本原则。

4.2　水生动植物增养殖过程中对病虫害的防治，坚持"以防为主，防治结合"。

4.3　渔药的使用应严格遵循国家和有关部门的有关规定，严禁生产、销售和使用未经取得生产许可证、批准文号与没有生产执行标准的渔药。

4.4　积极鼓励研制、生产和使用"三效"（高效、速效、长效）、"三小"（毒性小、副作用小、用量小）的渔药，提倡使用水产专用渔药、生物源渔药和渔用生物制品。

4.5　病害发生时应对症用药，防止滥用渔药与盲目增大用药量或增加用药次数、延长用药时间。

4.6　食用鱼上市前，应有相应的休药期。休药期的长短，应确保上市水产品的药物残留限量符合 NY 5070 要求。

4.7　水产饲料中药物的添加应符合 NY 5072 要求，不得选用国家规定禁止使用的药物或添加剂，也不得在饲料中长期添加抗菌药物。

5 渔用药物使用方法

各类渔用药物的使用方法见表1。

表1 渔用药物使用方法

渔药名称	用途	用法与用量	休药期(d)	注意事项
氧化钙(生石灰) calcii oxydum	用于改善池塘环境，清除敌害生物及预防部分细菌性鱼病	带水清塘：200～250mg/L（虾类：350～400mg/L） 全池泼洒：20～25mg/L（虾类：15～30mg/L）		不能与漂白粉、有机氯、重金属盐、有机络合物混用
漂白粉 bleaching powder	用于清塘、改善池塘环境及防治细菌性皮肤病、烂鳃病、出血病	带水清塘：20mg/L 全池泼洒：1.0～1.5mg/L	≥5	1. 勿用金属容器盛装； 2. 勿与酸、铵盐、生石灰混用
二氯异氰尿酸钠 sodium dichloroiso-cyanurate	用于清塘及防治细菌性皮肤溃疡病、烂鳃病、出血病	全池泼洒：0.3～0.6mg/L	≥10	勿用金属容器盛装
三氯异氰尿酸 trichloroisocyanu-ricacid	用于清塘及防治细菌性皮肤溃疡病、烂鳃病、出血病	全池泼洒：0.2～0.5mg/L	≥10	1. 勿用金属容器盛装； 2. 针对不同的鱼类和水体的pH，使用量应适当增减
二氧化氯 chlorine dioxide	用于防治细菌性皮肤病、烂鳃病、出血病	浸浴：20～40mg/L，5～10min 全池泼洒：0.1～0.2mg/L，严重时0.3～0.6mg/L	≥10	1. 勿用金属容器盛装； 2. 勿与其他消毒剂混用
二溴海因	用于防治细菌性和病毒性疾病	全池泼洒：0.2～0.3mg/L		

（续）

渔药名称	用途	用法与用量	休药期(d)	注意事项
氯化钠(食盐) sodium chloride	用于防治细菌、真菌或寄生虫疾病	浸浴:1%~3%,5~20min		
硫酸铜 (蓝矾、胆矾、石胆) copper sulfate	用于治疗纤毛虫、鞭毛虫等寄生性原虫病	浸浴:8mg/L(海水鱼类:8~10mg/L),15~30min　全池泼洒:0.5~0.7mg/L(海水鱼类:0.7~1.0mg/L)		1. 常与硫酸亚铁合用; 2. 广东鲂慎用; 3. 勿用金属容器盛装; 4. 使用后注意池塘增氧; 5. 不宜用于治疗小瓜虫病
硫酸亚铁(硫酸低铁、绿矾、青矾) ferrous sulphate	用于治疗纤毛虫、鞭毛虫等寄生性原虫病	全池泼洒:0.2mg/L(与硫酸铜合用)		1. 治疗寄生性原虫病时需与硫酸铜合用; 2. 乌鳢慎用
高锰酸钾 (锰酸钾、灰锰氧、锰强灰) potassium permanganate	用于杀灭锚头鳋	浸浴:10~20mg/L,15~30min　全池泼洒:4~7mg/L		1. 水中有机物含量高时药效降低; 2. 不宜在强烈阳光下使用
四烷基季铵盐络合碘(季铵盐含量为50%)	对病毒、细菌、纤毛虫、藻类有杀灭作用	全池泼洒:0.3mg/L(虾类相同)		1. 勿与碱性物质同时使用; 2. 勿与阴性离子表面活性剂混用; 3. 使用后注意池塘增氧; 4. 勿用金属容器盛装

（续）

渔药名称	用途	用法与用量	休药期(d)	注意事项
大蒜 crown's treacle,garlic	用于防治细菌性肠炎	拌饵投喂:每千克体重10~30g,连用4~6d(海水鱼类相同)		
大蒜素粉 (含大蒜素10%)	用于防治细菌性肠炎	每千克体重0.2g,连用4~6d(海水鱼类相同)		
大黄 medicinal rhubarb	用于防治细菌性肠炎、烂鳃	全池泼洒:2.5~4.0mg/L(海水鱼类相同)　拌饵投喂:每千克体重5~10g,连用4~6d(海水鱼类相同)		投喂时常与黄芩、黄柏合用(三者比例为5∶2∶3)
黄芩 raikai skullcap	用于防治细菌性肠炎、烂鳃、赤皮、出血病	拌饵投喂:每千克体重2~4g,连用4~6d(海水鱼类相同)		投喂时需与大黄、黄柏合用(三者比例为2∶5∶3)
黄柏 amur corktree	用于防治细菌性肠炎、出血	拌饵投喂:每千克体重3~6g,连用4~6d(海水鱼类相同)		投喂时需与大黄、黄芩合用(三者比例为3∶5∶2)
五倍子 chinese sumac	用于防治细菌性烂鳃、赤皮、白皮、疖疮	全池泼洒:2~4mg/L(海水鱼类相同)		
穿心莲 common andrographis	用于防治细菌性肠炎、烂鳃、赤皮	全池泼洒:15~20mg/L　拌饵投喂:每千克体重10~20g,连用4~6d		

（续）

渔药名称	用途	用法与用量	休药期(d)	注意事项
苦参 lightyellow sophora	用于防治细菌性肠炎,竖鳞	全池泼洒:1.0～1.5mg/L 拌饵投喂:每千克体重1～2g,连用4～6d		
土霉素 oxytetracycline	用于治疗肠炎病、弧菌病	拌饵投喂:每千克体重 50～80mg,连用 4～6d(海水鱼类相同,虾类:每千克体重 50～80mg,连用 5～10d)	≥30(鳗鲡) ≥21(鲇鱼)	勿与铝、镁离子及卤素、碳酸氢钠、凝胶合用
噁喹酸 oxolinic acid	用于治疗细菌性肠炎病、赤鳍病、香鱼、对虾弧菌病、鲈鱼结节病、鲕鱼疖疮病	拌饵投喂:每千克体重 10～30mg,连用 5～7d(海水鱼类:每千克体重 1～20mg;对虾:6～60mg,连用 5d)	≥25(鳗鲡) ≥21(鲤鱼、香鱼) ≥16(其他鱼类)	用药量视不同的疾病有所增减
磺胺嘧啶 (磺胺哒嗪) sulfadiazine	用于治疗鲤科鱼类的赤皮病、肠炎病,海水鱼链球菌病	拌饵投喂:每千克体重 100mg,连用 5d(海水鱼类相同)		1. 与甲氧苄氨嘧啶（TMP）同用,可产生增效作用; 2. 第一天药量加倍
磺胺甲噁唑 (新诺明、新明磺) sulfamethoxazole	用于治疗鲤科鱼类的肠炎病	拌饵投喂:每千克体重 100mg,连用 5～7d	≥30	1. 不能与酸性药物同用; 2. 与甲氧苄氨嘧啶（TMP）同用,可产生增效作用; 3. 第一天药量加倍

（续）

渔药名称	用途	用法与用量	休药期(d)	注意事项
磺胺间甲氧嘧啶（制菌磺、磺胺-6-甲氧嘧啶）sulfamonom-ethoxine	用于治疗鲤科鱼类的竖鳞病、赤皮病及弧菌病	拌饵投喂：每千克体重50～100mg，连用4～6d	≥37（鳗鲡）	1. 与甲氧苄氨嘧啶（TMP）同用，可产生增效作用； 2. 第一天药量加倍
氟苯尼考florfenicol	用于治疗鳗鲡爱德华氏病、赤鳍病	拌饵投喂：每千克体重每天10.0mg，连用4～6d	≥7（鳗鲡）	
聚维酮碘（聚乙烯吡咯烷酮碘、皮维碘、PVP-I伏碘）（有效碘1.0%）povidone-iodine	用于防治细菌性烂鳃病、弧菌病、鳗鲡红头病并可用于预防病毒病：如草鱼出血病、传染性胰腺坏死病、传染性造血组织坏死病、病毒性出血败血症	全池泼洒：海、淡水幼鱼、幼虾：0.2～0.5mg/L海、淡水成鱼、成虾：1～2mg/L鳗鲡：2～4mg/L浸浴：草鱼种30mg/L，15～20min鱼卵：30～50mg/L（海水鱼卵：25～30mg/L），5～15min		1. 勿与金属物品接触； 2. 勿与季铵盐类消毒剂直接混合使用

注：1. 用法与用量栏未标明海水鱼类与虾类的均适用于淡水鱼类。
　　2. 休药期为强制性。

6　禁用渔药

严禁使用高毒、高残留或具有三致毒性（致癌、致畸、致突变）的渔药。严禁使用对水域环境有严重破坏而又难以修复的渔药，严禁直接向养殖水域泼洒抗生素，严禁将新近开发的人用新药作为渔药的主要或次要成分。禁用渔药见表2。

表2　禁用渔药

药物名称	化学名称（组成）	别　名
地虫硫磷 fonofos	O-2-基-S苯基二硫代磷酸乙酯	大风雷
六六六 BHC(HCH) benzem, bexachloridge	1,2,3,4,5,6-六氯环己烷	
林丹 lindane, gammaxare, gamma-BHC gamma-HCH	γ-1,2,3,4,5,6-六氯环己烷	丙体六六六
毒杀芬 camphechlor(ISO)	八氯莰烯	氯化莰烯
滴滴涕 DDT	2,2-双（对氯苯基）-1,1,1-三氯乙烷	
甘汞 calomel	二氯化汞	
硝酸亚汞 mercurous nitrate	硝酸亚汞	
醋酸汞 mercuric acetate	醋酸汞	
呋喃丹 carbofuran	2,3-二氢-2,2-二甲基-7-苯并呋喃基-甲基氨基甲酸酯	克百威、大扶农
杀虫脒 chlordimeform	N-(2-甲基-4-氯苯基)N',N'-二甲基甲脒盐酸盐	克死螨
双甲脒 anitraz	1,5-双-(2,4-二甲基苯基)-3-甲基-1,3,5-三氮戊二烯-1,4	二甲苯胺脒
氟氯氰菊酯 cyfluthrin	α-氰基-3-苯氧基-4-氟苄基(1R,3R)-3-(2,2-二氯乙烯基)-2,2-二甲基环丙烷羧酸酯	百树菊酯、百树得
氟氰戊菊酯 flucythrinate	(R,S)-α氰基-3-苯氧苄基-(R,S)-2-(4-二氟甲氧基)-3-甲基丁酸酯	保好江乌、氟氰菊酯

（续）

药物名称	化学名称（组成）	别　名
五氯酚钠 PCP-Na	五氯酚钠	
孔雀石绿 malachite green	$C_{23}H_{25}CIN_2$	碱性绿、盐基块 绿、孔雀绿
锥虫胂胺 tryparsamide		
酒石酸锑钾 antimonyl potassium tartrate	酒石酸锑钾	
磺胺噻唑 sulfathiazolum ST,norsultazo	2-(对氨基苯磺酰胺)-噻唑	消治龙
磺胺脒 sulfaguanidine	N_1-脒基磺胺	磺胺胍
呋喃西林 furacillinum,nitrofurazone	5-硝基呋喃醛缩氨基脲	呋喃新
呋喃唑酮 furazolidonum,nifulidone	3-(5-硝基糠叉胺基)-2-噁唑烷酮	痢特灵
呋喃那斯 furanace,nifurpirinol	6-羟甲基-2-[-(5-硝基-2-呋喃基 乙烯基)]吡啶	P-7138 （实验名）
氯霉素 （包括其盐、酯及制剂） chloramphennicol	由委内瑞拉链霉素产生或合成法 制成	
红霉素 erythromycin	属微生物合成，是 *Streptomyces eyythreus* 产生的抗生素	
杆菌肽锌 zinc bacitracin premin	由枯草杆菌 *Bacillus subtilis* 或 *B. licheniformis* 所产生的抗生素，为一含有噻唑环的多肽化合物	枯草菌肽
泰乐菌素 tylosin	*S. fradiae* 所产生的抗生素	
环丙沙星 ciprofloxacin(CIPRO)	为合成的第三代喹诺酮类抗菌药，常用盐酸盐水合物	环丙氟哌酸

（续）

药物名称	化学名称（组成）	别　名
阿伏帕星 avoparcin		阿伏霉素
喹乙醇 olaquindox	喹乙醇	喹酰胺醇 羟乙喹氧
速达肥 fenbendazole	5-苯硫基-2-苯并咪唑	苯硫哒唑 氨甲基甲酯
己烯雌酚 （包括雌二醇等其他类似 合成等雌性激素） diethylstilbestrol, stilbestrol	人工合成的非甾体雌激素	乙烯雌酚、 人造求偶素
甲基睾丸酮 （包括丙酸睾丸素、去氢甲睾 酮以及同化物等雄性激素） methyltestosterone, metandren	睾丸素 C_{17} 的甲基衍生物	甲睾酮甲基睾酮

附 录 六

无公害食品 水产品中渔药残留限量

（NY 5070—2002）

1 范围

本标准规定了无公害水产品中渔药及通过环境污染造成的药物残留的最高限量。

本标准适用于水产养殖品及初级加工水产品、冷冻水产品，其他水产加工品可以参照使用。

2 规范性引用文件

下列文件中的条款通过本标准的引用而成为本标准的条款。凡是注日期的引用文件，其随后所有的修改单（不包括勘误的内容）或修订版均不适用于本标准，然而，鼓励根据本标准达成协议的各方研究是否可使用这些文件的最新版本。凡是不注日期的引用文件，其最新版本适用于本标准。

NY 5029—2001 无公害食品 猪肉

NY 5071 无公害食品 渔用药物使用准则

SC/T 3303—1997 冻烤鳗

SN/T 0197—1993 出口肉中喹乙醇残留量检验方法

SN 0206—1993 出口活鳗鱼中噁喹酸残留量检验方法

SN 0208—1993 出口肉中十种磺胺残留量检验方法

SN 0530—1996 出口肉品中呋喃唑酮残留量的检验方法液相色谱法

3 术语和定义

下列术语和定义适用于本标准。

3.1 渔用药物 fishery drugs

用以预防、控制和治疗水产动、植物的病、虫、害，促进养殖品种健康生长，增强机体抗病能力以及改善养殖水体质量的一切物质，简称"渔药"。

3.2 渔药残留 residues of fishery drugs

在水产品的任何食用部分中渔药的原型化合物或/和其代谢产物，并包括与药物本体有关杂质的残留。

3.3 最高残留限量 maximum residue Limit，MRL

允许存在于水产品表面或内部（主要指肉与皮或/和性腺）的该药（或标志残留物）的最高量/浓度（以鲜重计，表示为：μg/kg或 mg/kg）。

4 要求

4.1 渔药使用

水产养殖中禁止使用国家、行业颁布的禁用药物，渔药使用时按 NY 5071 的要求进行。

4.2 水产品中渔药残留限量要求

水产品中渔药残留限量要求见表 1。

表 1 水产品中渔药残留限量

药物类别		药物名称		指标（MRL）（μg/kg）
		中文	英文	
抗生素类	四环素类	金霉素	chlortetracycline	100
		土霉素	oxytetracycline	100
		四环素	tetracycline	100
	氯霉素类	氯霉素	chloramphenicol	不得检出

（续）

药物类别	药物名称		指标（MRL）（μg/kg）
	中文	英文	
磺胺类及增效剂	磺胺嘧啶	sulfadiazine	100（以总量计）
	磺胺甲基嘧啶	sulfamerazine	
	磺胺二甲基嘧啶	sulfadimidine	
	磺胺甲噁唑	sulfamethoxazole	
	甲氧苄啶	trimethoprim	50
喹诺酮类	噁喹酸	oxilinic acid	300
硝基呋喃类	呋喃唑酮	furazolidone	不得检出
其 他	己烯雌酚	diethylstilbestrol	不得检出
	喹乙醇	olaquindox	不得检出

5 检测方法

5.1 金霉素、土霉素、四环素

金霉素测定按 NY 5029—2001 中附录 B 规定执行，土霉素、四环素按 SC/T 3303—1997 中附录 A 规定执行。

5.2 氯霉素

氯霉素残留量的筛选测定方法按本标准中附录 A（略）执行，测定按 NY 5029—2001 中附录 D（气相色谱法）的规定执行。

5.3 磺胺类

磺胺类中的磺胺甲基嘧啶、磺胺二甲基嘧啶的测定按 SC/T 3303 的规定执行，其他磺胺类按 SN/T 0208 的规定执行。

5.4 噁喹酸

噁喹酸的测定按 SN/T 0206 的规定执行。

5.5 呋喃唑酮

呋喃唑酮的测定按 SN/T 0530 的规定进行。

5.6　己烯雌酚

己烯雌酚残留量的筛选测定方法按本标准中附录 B（略）规定执行。

5.7　喹乙醇

喹乙醇的测定按 SN/T 0197 的规定执行。

6　检验规则

6.1　检验项目

按相应产品标准的规定项目进行。

6.2　抽样

6.2.1　组批规则

同一水产养殖场内，在品种、养殖时间、养殖方式基本相同的养殖水产品为一批（同一养殖池，或多个养殖池）；水产加工品按批号抽样，在原料及生产条件基本相同下同一天或同一班组生产的产品为一批。

6.2.2　抽样方法

6.2.2.1　养殖水产品

随机从各养殖池抽取有代表性的样品，取样量见表 2。

表 2　取 样 量

生物数量（尾、只）	取样量（尾、只）
500 以内	2
500～1 000	4
1 0001～5 000	10
5 0001～10 000	20
≥10 001	30

6.2.2.2　水产加工品

每批抽取样本以箱为单位，100 箱以内取 3 箱，以后每增加 100 箱（包括不足 100 箱）则抽 1 箱。

按所取样本从每箱内各抽取样品不少于3件，每批取样量不少于10件。

6.3 取样和样品的处理

采集的样品应分成两等份，其中一份作为留样。从样本中取有代表性的样品，装入适当容器，并保证每份样品都能满足分析的要求；样品的处理按规定的方法进行，通过细切、绞肉机绞碎、缩分，使其混合均匀；鱼、虾、贝、藻等各类样品量不少于200g。各类样品的处理方法如下：

a）鱼类：先将鱼体表面杂质洗净，去掉鳞、内脏，取肉（包括脊背和腹部）和皮一起绞碎，特殊要求除外。

b）龟鳖类：去头、放出血液，取其肌肉包括裙边，绞碎后进行测定。

c）虾类：洗净后，去头、壳，取其肌肉进行测定。

d）贝类：鲜的、冷冻的牡蛎、蛤蜊等要把肉和体液调制均匀后进行分析测定。

e）蟹：取肉和性腺进行测定。

f）混匀的样品，如不及时分析，应置于清洁、密闭的玻璃容器，冰冻保存。

6.4 判定规则

按不同产品的要求所检的渔药残留各指标均应符合本标准的要求，各项指标中的极限值采用修约值比较法。超过限量标准规定时，允许加倍抽样将此项指标复验一次，按复验结果判定本批产品是否合格。经复检后所检指标仍不合格的产品则判为不合格品。

附 录 七

无公害食品 黄鳝

(NY 5168—2002)

1 范围

　　本标准规定了无公害食品黄鳝的要求、试验方法、检验规则及标志、运输、暂养。

　　本标准适用于黄鳝（*Monopterus albus*）活体。

2 规范性引用文件

　　下列文件中的条款通过本标准的引用而成为本标准的条款。凡是注日期的引用文件，其随后所有的修改单（不包括勘误的内容）或修订版均不适用于本标准，然而，鼓励根据本标准达成协议的各方研究是否可使用这些文件的最新版本。凡是不注日期的引用文件，其最新版本适用于本标准。

　　GB/T 5009.11　食品中总砷的测定方法

　　GB/T 5009.12　食品中铅的测定方法

　　GB/T 5009.15　食品中镉的测定方法

　　GB/T 5009.17　食品中总汞的测定方法

　　GB/T 5009.19　食品中六六六、滴滴涕残留量的测定方法

　　NY 5029—2001　无公害食品　猪肉

　　NY 5051　无公害食品　淡水养殖用水水质

　　NY 5070—2002　无公害食品　水产品中渔药残留限量

　　SC/T 3303—1997　冻烤鳗

SN 0208　出口肉中十种磺胺残留量检验方法

SN 0530　出口肉品中呋喃唑酮残留量的检验方法　液相色谱法

3　要求

3.1　感官要求

黄鳝感官要求见表1。

表1　感官要求

项　目	要　求
形　态	形态正常、无畸形
体　表	体表光滑并有正常黏液、无病灶
行　为	反应灵敏、活动能力强

3.2　安全指标

黄鳝安全指标见表2。

表2　安全指标

项　目	指　标
砷（以 As 计）（mg/kg）	≤0.5
铅（以 Pb 计）（mg/kg）	≤0.5
镉（以 Cd 计）（mg/kg）	≤0.1
汞（以 Hg 计）（mg/kg）	≤0.5
六六六（mg/kg）	≤2
滴滴涕（mg/kg）	≤1
磺胺类（以总量计）（mg/kg）	≤0.1
呋喃唑酮	不得检出
土霉素（mg/kg）	≤0.1
氯霉素	不得检出
己烯雌酚	不得检出

4　试验方法

4.1　感官检验

将试样放于清洁的白色容器中，在光线充足，无异味环境条件下，进行感官检验。

4.2　砷的测定

按 GB/T5009.11 的规定执行。

4.3　铅的测定

按 GB/T 5009.12 的规定执行。

4.4　镉的测定

按 GB/T 5009.15 的规定执行。

4.5　汞的测定

按 GB/T 5009.17 的规定执行。

4.6　六六六、滴滴涕的测定

按 GB/T 5009.19 的规定执行。

4.7　磺胺类的测定

磺胺类中的磺胺甲基嘧啶、磺胺二甲基嘧啶的测定按 SC/T 3303—1997 中附录 C 的规定执行，其他磺胺类按 SN 0208 的规定执行。

4.8　呋喃唑酮的测定

按 SN 0530 的规定执行。

4.9　土霉素的测定

按 SC/T 3303—1997 中附录 A 的规定执行。

4.10　氯霉素的测定

氯霉素残留量的筛选方法按 NY 5070—2002 中附录 A（酶联免疫法）的方法进行，氯霉素呈阳性者，其残留量的测定按 NY 5029—2001 中附录 D（气相色谱法）的方法进行。

4.11　己烯雌酚的测定

按 NY 5070—2002 中附录 B（酶联免疫法）的方法进行。

5 检验规则

5.1 组批规则与抽样方法

5.1.1 组批规则

按同一养殖场、同时收获的、养殖条件相同的黄鳝或在同一水域同时捕获的黄鳝为同一检验批。

5.1.2 抽样方法

每批产品随机抽取 5～10 尾，用于感官检验。

每批产品随机抽取至少 5 尾，用于安全指标检验。

5.1.3 试样制备

至少取 5 尾鱼清洗后，去头、骨、内脏，取肌肉等可食部分绞碎混合均匀后备用；试样量为 400g，分为两份，其中一份用于检验，另一份作为留样。

5.2 检验分类

产品检验分为出厂检验和型式检验。

5.2.1 出厂检验

每批产品应进行出厂检验。出厂检验由生产者执行，检验项目为感官检验。

5.2.2 型式检验

有下列情况之一时应进行型式检验。检验项目为本标准中规定的全部项目。

a）新建养殖场饲养的黄鳝；

b）黄鳝饲养环境条件发生变化，可能影响产品质量时；

c）国家质量监督机构提出检验要求时；

d）出厂检验与上次型式检验有大差异时；

e）正常生产时，每年进行一次检验。

5.3 判定规则

5.3.1 感官检验所检项目应全部符合 3.1 条规定；检验结果中有两项及两项以上指标不合格，则判为不合格；有一项指标不合格，允许重新抽样复检，如仍有不合格项则判为不合格。

5.3.2　安全指标的检验结果中有一项指标不合格，则判本批产品不合格，不得复验。

6　标志、运输和暂养

6.1　标志

产品标志应注明产品名称、生产者和出厂日期。

6.2　运输

　　a）在清洁的环境中装运，保证鲜活。

　　b）运输工具应清洁卫生、无毒、无异味，不得与有害物质混运，严防运输污染。

　　c）运输过程中不得使用任何有毒有害的化学药物。

6.3　暂养

　　a）活体暂养用水的水质应符合 NY 5051 的要求。

　　b）活体暂养所用的场地、设备应具备安全卫生、无污染等条件。

附 录 八

无公害食品 黄鳝养殖技术规范

（NY/T 5169—2002）

1 范围

本标准规定了黄鳝（*Monopterus albus* Zuiew）无公害饲养的环境条件、苗种培育、食用鳝饲养和鳝病防治。

本标准适用于黄鳝的无公害土池饲养、水泥池饲养和网箱饲养。

2 规范性引用文件

下列文件中的条款通过本标准的引用而成为本标准的条款。凡是注日期的引用文件，其随后所有的修改单（不包括勘误的内容）或修订版均不适用于本标准，然而，鼓励根据本标准达成协议的各方研究是否可使用这些文件的最新版本。凡是不注日期的引用文件，其最新版本适用于本标准。

GB 11607   渔业水质标准

GB/T 18407.4—2001   农产品安全质量   无公害水产品产地环境要求

NY 5051   无公害食品   淡水养殖用水水质

NY 5071   无公害食品   渔用药物使用准则

NY 5072   无公害食品   渔用配合饲料安全限量

SC/T 1006   淡水网箱养鱼   通用技术要求

3　环境条件

3.1　饲养场地的选择

应符合 GB/T 18407.4—2001 中 3.1 和 3.3 的规定。选择环境安静、水源充足、进排水方便的地方兴建饲养场。

3.2　饲养用水

3.2.1　水源水质

水源水质应符合 GB 11607 的规定。

3.2.2　饲养池水质

饲养池水质应符合 NY 5051 的规定。

3.3　鳝池和网箱要求

3.3.1　鳝池要求

鳝池为土池或水泥池，其要求以符合表 1 为宜。

表 1　鳝池要求

鳝池类别	面积（m²）	池深（cm）	水深（cm）	水面离池上沿距离（cm）	进排水口
苗种池	2～10	40～50	10～20	≥20	进排水口直径 3～5cm，并用网孔尺寸为 0.250mm 的筛绢网片罩住；进水口高出水面 20cm，排水口位于池的最低处
食用鳝饲养池	2～30	70～100	10～30	≥30	

3.3.2　网箱要求

3.3.2.1　网箱制作

选用聚乙烯无结节网片，网孔尺寸 1.18mm～0.80mm，网箱上下纲绳直径 0.6cm，网箱面积 15～20m² 为宜。

3.3.2.2　网箱设置

池塘网箱应设置在水深大于 1.0m 处，水面面积宜在 500m² 以上，网箱面积不宜超过水面面积的 1/3，网箱吃水深度约为

0.5m，网箱上沿距水面和网箱底部距水底应各为 0.5m 以上。其他水域的网箱设置应符合 SC/T 1006 的规定。

3.4　放养前的准备

3.4.1　鳝池准备

土池和有土水泥池在放养前 10～15d 用生石灰 150～200g/m² 消毒，再注入新水至水深 10～20cm；无土水泥池池底应光滑，在放养前 15d 加水 10cm 左右，用生石灰 75～100g/m² 或漂白粉（含有效氯 28%）10～15g/m²，全池泼洒消毒，然后放干水再注入新水至水深 10～20cm。池内放养占池面积 2/3 的凤眼莲。

3.4.2　网箱准备

放养前 15d 用 20mg/L 高锰酸钾浸泡网箱 15～20min，将喜旱莲子草或凤眼莲放到网箱里并使其生长。在网箱内设置一个长 60cm，宽 30cm，与水面成 30°角左右的饲料台，沿网箱长边靠水摆放。

4　苗种培育

4.1　培育方式

培育方式宜采用水泥池微流水培育。

4.2　鳝苗放养

4.2.1　鳝苗来源

鳝苗来源有：

——从原产地采捕自然繁殖的鳝苗；

——从国家认可的黄鳝原（良）种场人工繁殖获得鳝苗。

4.2.2　鳝苗质量要求

放养的鳝苗应无伤病、无畸形、活动能力强。

4.2.3　放养密度

卵黄囊消失后的鳝苗可投入培育池中饲养，放养密度宜为 200～400 尾/m²。

4.3　饲养管理

4.3.1　投饲和驯饲

鳝苗适宜的开口饲料有水蚯蚓、大型轮虫、枝角类、桡足类、摇蚊幼虫和微囊饲料等。经过 10～15d 培育，当鳝苗长至 5cm 以上时可开始驯饲配合饲料。驯饲时，将粉状饲料加水揉成团状定点投放池边，经 1～2d，鳝苗会自行摄食团状饲料。15cm 以上苗种则需在鲜鱼浆或蚌肉中加入 10% 配合饲料，并逐渐增加配合饲料的比例，经 5～7d 驯饲才能达到较好的效果。

4.3.2　投饲量

鲜活饲料的日投饲量为鳝体重的 8%～12%，配合饲料的日投饲量（干重）为鳝体重的 3%～4%。

4.3.3　分级饲养

根据鳝苗的生长和个体差异，应及时分级饲养，同一培育池的鳝苗规格应尽可能保持一致。当苗种长到个体重 20g 时转入食用鳝的饲养。

4.3.4　水质管理

应做到水质清爽，应勤换水保持水中溶氧量不低于 3mg/L。流水饲养池水流量以每天交换 2～3 次为宜，每周彻底换水一次。

4.3.5　水温管理

换水时水温差应控制在 3℃ 以内。保持水温在 20～28℃ 为宜。水温高于 30℃，应采取加注新水、搭建遮阳棚、提高凤眼莲的覆盖面积或减小黄鳝密度等防暑措施；水温低于 5℃ 时应采取提高水位确保水面不结冰、搭建塑料棚或放干池水后在泥土上铺盖稻草等防寒措施。

4.3.6　巡池

坚持早、中、晚巡池检查，每天投饲前检查防逃设施；随时掌握鳝吃食情况，并调整投饲量；观察鳝的活动情况，如发现异常，应及时处理；勤除杂草、敌害、污物；及时清除剩余饲料；

查看水色，测量水温，闻有无异味，做好巡池日志。

5 食用鳝饲养

5.1 饲养方式

饲养方式可分为土池饲养、水泥池饲养和网箱饲养，根据具体情况选择适宜的饲养方式。

5.2 鳝种放养

5.2.1 鳝种来源

鳝种来源有：

——从原产地采捕野生鳝种；

——从国家认可的黄鳝原（良）种场人工繁殖、人工培育获得鳝种。

5.2.2 鳝种质量要求

放养的鳝种应反应灵敏、无伤病、活动能力强、黏液分泌正常。宜选择深黄大斑鳝、土红大斑鳝的地方种群。

5.2.3 放养密度

根据饲养方式确定放养密度，放养规格以 $20\sim50g$/尾为宜，按规格分池饲养。面积 $20m^2$ 左右的流水饲养池放养鳝种 $1.0\sim1.5kg/m^2$ 为宜，面积 $2\sim4m^2$ 的流水饲养池放养鳝种 $3\sim5kg/m^2$ 为宜，静水饲养池的放养量约为流水饲养池的 $1/2$；网箱放养鳝种 $1.0\sim2.0kg/m^2$ 为宜。

5.2.4 鳝种消毒

放养前鳝体应进行消毒，常用消毒药有：

——食盐：浓度 $2.5\%\sim3\%$，浸浴 $5\sim8min$；

——聚维酮碘（含有效碘 1%）：浓度 $20\sim30mg/L$，浸浴 $10\sim20min$；

——四烷基季铵盐络合碘（季铵盐含量 50%）：$0.1\sim0.2mg/L$，浸浴 $30\sim60min$。消毒时水温差应小于 $3℃$。

5.2.5 放养时间

放养鳝种的时间应选择在晴天，水温宜为 15～25℃。

5.3　饲养管理

5.3.1　驯饲

野生鳝种入池宜投饲蚯蚓、小鱼、小虾和蚌肉等饲料，鳝种摄食正常 1 周后每 100kg 鳝用 0.2～0.3g 左旋咪唑或甲苯咪唑拌饲驱虫一次，3d 后再驱虫一次，然后开始驯饲配合饲料。驯饲开始时，将鱼浆、蚯蚓或蚌肉与 10％配合饲料揉成团状饲料或加工成软颗粒饲料或直接拌入膨化颗粒饲料，然后逐渐减少活饲料用量。经 5～7d 驯饲，鳝种能摄食配合饲料。

5.3.2　投饲

5.3.2.1　饲料种类

食用鳝饲料有：

——配合饲料；

——动物性饲料：鲜活鱼、虾、螺、蚌、蚬、蚯蚓、蝇蛆等；

——植物性饲料：新鲜麦芽、大豆饼（粕）、菜籽饼（粕）、青菜、浮萍等。

5.3.2.2　投饲方法

5.3.2.2.1　定质：配合饲料安全限量应符合 NY　5072 的规定；动物性饲料和植物性饲料应新鲜、无污染、无腐败变质，投饲前应洗净后在沸水中放置 3～5min，或用高锰酸钾 20mg/L 浸泡 15～20min，或食盐 5％浸泡 5～10min，再用淡水漂洗后投饲。

5.3.2.2.2　定量：水温 20～28℃时，配合饲料的日投饲量（干重）为鳝体重的 1.5％～3％，鲜活饲料的日投饲量为鳝体重的 5％～12％；水温在 20℃以下，28℃以上时，配合饲料的日投饲量（干重）为鳝体重的 1％～2％，鲜活饲料的日投饲量为鳝体重的 4％～6％；投饲量的多少应根据季节、天气、水质和鳝的摄食强度进行调整，所投的饲料宜控制在 2h 内吃完。

5.3.2.2.3 定时：水温 20～28℃时，每天两次，分别为上午 9 时前和下午 3 时后；水温在 20℃ 以下，28℃ 以上时，每天上午投饲一次。

5.3.2.2.4 定点：饲料投饲点应固定，宜设置在阴凉暗处，并靠近池的上水口。

5.3.3 水质管理

　　按 4.3.4 执行。

5.3.4 水温管理

　　按 4.3.5 执行。

5.3.5 巡池

　　按 4.3.6 执行。

6 鳝病防治

6.1 鳝病预防

6.1.1 生态预防

　　鳝病预防宜以生态预防为主。生态预防措施有：

　　——保持良好的空间环境：养鳝场建造合理，满足黄鳝喜暗、喜静、喜温暖的生态习性要求；

　　——加强水质、水温管理：按 4.3.4 和 4.3.5 执行；

　　——在鳝池中种植挺水性植物或凤眼莲、喜旱莲子草等漂浮性植物；在池边种植一些攀缓性植物；

　　——在池中搭配放养少量泥鳅以活跃水体；每池放入数只蟾蜍，以其分泌物预防鳝病。

6.1.2 药物预防

　　药物预防措施有：

　　——环境消毒：周边环境用漂白粉喷洒；鳝池和网箱消毒按 3.4 执行；

　　——定期消毒：饲养期间每 10d 用漂白粉（含有效氯 28％）1～2mg/L 全池遍洒，或生石灰 30～40mg/L 化浆全池遍洒，两者交替使用；

——鳝体消毒：按 5.2.4 执行；

——饲料消毒：按 5.3.2.2.1 执行；

——工具消毒：养鳝生产中所用的工具应定期消毒，每周 2～3 次。用于消毒的药物有高锰酸钾 100mg/L，浸洗 30min；食盐 5％，浸洗 30min；漂白粉 5％，浸洗 20min。发病池的用具应单独使用，或经严格消毒后再使用。

6.1.3　病鳝隔离

在养殖过程中，应加强巡池检查，一旦发现病鳝，应及时隔离饲养，并用药物处理。药物处理方法按 5.2.4 和 NY 5071 的规定执行。

6.2　常见鳝病及其治疗方法

常见鳝病及其治疗方法见表 2。

渔药的使用和休药期应按照 NY 5071 的规定执行。

表 2　常见鳝病及其治疗方法

病　名	症　状	治疗方法
赤皮病	病鳝体表发炎充血，尤其是鳝体两侧和腹部极为明显，呈块状，有时黄鳝上下颌及鳃盖也充血发炎。在病灶处常继发水霉菌感染	用 1.0～1.2mg/L 漂白粉全池泼洒；用 0.05g/m² 明矾对水泼洒，2d 后用 25g/m² 生石灰对水泼洒；用 2～4mg/L 五倍子全池遍洒；每 100kg 黄鳝用磺胺嘧啶 5g 拌饲投饲，连喂 4～6d
打印病	患病部位先出现圆形或椭圆形坏死和糜烂，露出白色真皮，皮肤充血发炎的红斑形成明显的轮廓。病鳝游动缓慢，头常伸出水面，久不入穴	外用药同赤皮病；内服药以每 100kg 黄鳝用 2g 磺胺间甲氧嘧啶拌饲投饲，连喂 5～7d
细菌性烂尾病	感染后尾柄充血发炎、糜烂，严重时尾部烂掉，肌肉出血、溃烂，骨骼外露，病鳝反应迟钝，头常露出水面	用 10mg/L 的二氧化氯药浴病鳝 5～10min；每 100kg 黄鳝用 5g 土霉素拌饲投饲，每天一次，连喂 5～7d

（续）

病　名	症　状	治疗方法
细菌性肠炎	病鳝离群独游，游动缓慢，鳝体发黑，头部尤甚，腹部出现红斑，食欲减退。剖开肠管可见肠管局部充血发炎，肠内没有食物，肠内黏液较多	每100kg 黄鳝每天用大蒜30g 拌饲，分2次投饲，连喂3～5d；每100kg 黄鳝用5g 土霉素或磺胺甲基异噁唑，连喂5～7d
出血病	病鳝皮肤及内部各器官出血，肝的损坏尤为严重，血管壁变薄甚至破裂	用10mg/L 的二氧化氯浸浴病鳝5～10min；每100kg 黄鳝用2.5g 氟哌酸拌饲投饲，连续5d，第一天药量加倍
水霉病	初期病灶并不明显，数天后病灶部位长出棉絮状菌丝，在体表迅速繁殖扩散，形成肉眼可见的白毛	用400mg/L 食盐、小苏打（1∶1）全池泼洒
毛细线虫病	毛细线虫以其头部钻入寄主肠壁黏膜层，引起肠壁充血发炎，病鳝离穴分散池边，极度消瘦，继而死亡	每100kg 黄鳝用0.2～0.3g 左旋咪唑或甲苯咪唑，连喂3d
棘头虫病	棘头虫以其吻端钻进寄主黏膜，致肠壁发炎，轻者鳝体发黑，肠道充血，呈慢性炎症，重者可造成肠穿孔或肠管被堵塞，鳝体消瘦，有时可引起贫血、死亡	每100kg 黄鳝用0.2～0.3g 左旋咪唑或甲苯咪唑和2g 大蒜素粉或磺胺嘧啶拌饲投饲，连喂3d

注　1. 浸浴后药物残液不得倒入养殖水体。
　　2. 磺胺类药物与甲氧苄氨嘧啶（TMP）同用，第一天药量加倍。

主要参考文献

毕庶万，等．1997．黄鳝生物学和人工育苗技术［J］．齐鲁渔业，14（3）：26‐27．

蔡仁逵．1992．黄鳝养殖技术［M］．北京：金盾出版社．

贺吉范．1996．黄鳝的养殖［J］．内陆水产（5）：16．

黄正强．1995．黄鳝的冬季囤养技术［J］．淡水渔业（4）：21‐22、（5）：30、（6）：36．

李明锋．1994．黄鳝养殖几种常见病防治［J］．内陆水产（4）：23．

李仲辉．1981．黄鳝 monopterus allbus（Zuiew）骨骼的研究［J］．动物学研究，2（3）：215‐221．

凌继忠．1997．稻田泥鳅养殖技术［J］．内陆水产（2）：24．

彭秀真，等．1996．池养黄鳝生长速度的观察［J］．内陆水产（4）：5‐6．

邵力，等．1996．泥鳅去巢流水孵化人工繁殖技术初步研究［J］．浙江水产学院学报，15（2）：129‐133．

沈卉君．1984．黄鳝的解剖研究［J］．生物学通讯（上海师范学院内部刊物），1：17‐24．

王兴礼．1997．黄鳝的人工繁殖技术［J］．内陆水产（6）：16．

王志迁．1996．黄鳝常见病的防治方法［J］．内陆水产（5）：20．

杨代勤，等．1997．黄鳝食性的初步研究［J］．水生生物学报，21（1）：24‐29．

杨明生．1997．黄鳝舌骨及生长的研究［J］．动物学杂志，32（1）：12‐14．

袁善卿，薛镇宇．1993．泥鳅养殖技术［M］．北京：金盾出版社．

曾嵘．1987．黄鳝的泌尿系统及其功能［J］．水生生物学报，11（1）：1‐7．

曾谷初，等．1992．泥鳅饲养池内隐蔽物的设置模式试验［J］．内陆水产，

93（3）：14-16.

张家波.1993.黄鳝与泥鳅养殖技术［M］.天津：天津教育出版社.

张小雪，董元凯.1994.黄鳝性腺发生与分化的研究［J］.水利渔业（5）：53-55.

张训蒲.1993.黄鳝造血器官的组织学研究［J］.华中农业大学学报，12（3）：285-288.

张哲生.1996.庭院式黄鳝养殖技术［J］.淡水渔业，26（5）：34.

周定刚，等.1992.黄鳝卵巢发育的研究［J］.水生生物学报，16（4）：361-367.

朱振东.1995.黄鳝趣话［J］.内陆水产（12）：28、1996.（1）：27、（2）：28.

朱志荣.1962.泥鳅、黄鳝、青鱼的繁殖，发育及其与环境关系的初步研究［J］.水生生物学集刊（1）：1-12.